Stanislav Konstantinov

Nowa fizyka - źródło nowych pomysłów

Stanislav Konstantinov

Nowa fizyka - źródło nowych pomysłów

Wydawnictwo Bezkresy Wiedzy

Imprint

Cover image: www.ingimage.com

Publisher:
Wydawnictwo Bezkresy Wiedzy
is a trademark of
International Book Market Service Ltd., member of OmniScriptum Publishing Group
17 Meldrum Street, Beau Bassin 71504, Mauritius

Printed at: see last page
ISBN: 978-620-0-54388-2

Drogi czytelniku,

książka, którą posiadasz, została pierwotnie wydana pod tytułem
" New physics - the source of new ideas", ISBN 978-613-9-45453-2.

Jego publikacja w języku polskim jest możliwa dzięki zastosowaniu najbardziej zaawansowanej sztucznej inteligencji dla języków.

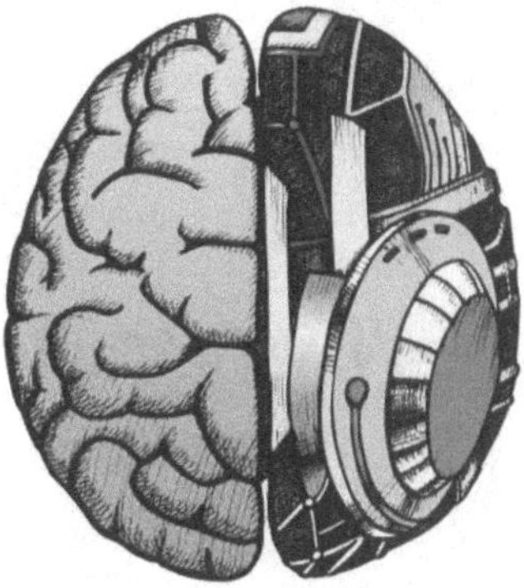

Technologia ta, uhonorowana pierwszą w historii Honorową Nagrodą Sztucznej Inteligencji w Berlinie we wrześniu 2019 r., naśladuje sposób działania ludzkiego mózgu, dzięki czemu jest w stanie uchwycić i przetłumaczyć nawet najmniejsze niuanse w bezprecedensowy sposób.

Mamy nadzieję, że znajdą Państwo wiele satysfakcji z tej książki i uprzejmie prosimy o uwzględnienie wszelkich rozbieżności językowych, które mogłyby wyniknąć z tego procesu.

Miłego czytania!

Wydawnictwo Bezkresy Wiedzy

Stanisław Konstantinow

Nowa fizyka - źródło pomysłów i innowacji

Przegląd rzeczywistych problemów

SPIS TREŚCI:

-1-

Przedmowa do autora

Jest pytanie: "Jaka powinna być nowa fizyka?" Nie ma jedności w tej kwestii wśród fizyków. Książka ta jest prekursorem powstania nowej fizyki, w której dopuszcza się naruszanie praw konserwatorskich w systemach otwartych, znosi się zakaz tworzenia urządzeń o sprawności większej niż 100% i w której dla ludzkości otwiera się niewyczerpane źródło pojęciowych innowacji we wszystkich dziedzinach działalności. Ostatnio pojawia się coraz więcej artykułów naukowych na temat filozoficznego aspektu wiedzy o fizyce Wszechświata. To zainteresowanie jest całkiem zrozumiałe: paradygmat współczesnej nauki spotyka wszystkie nowe i nierozwiązywalne zagadki podczas analizy wyników najnowszych badań, w tym w dziedzinie fizyki kwantowo-relatywistycznej, która ujawnia zjawiska bezzasadnej korelacji systemów kwantowych. Motywuje to badaczy do myślenia o nielinearnym, nielokalnym charakterze naszej rzeczywistości. Teoria relatywistyczna Einsteina wyczerpała się, a stworzenie na jej podstawie zaawansowanego technologicznie, bardzo potężnego i strasznie kosztownego Międzynarodowego Eksperymentalnego Reaktora Termonuklearnego Tokamak (15 mld USD), a nowy Wielki Zderzacz Hadronów (5 mld USD) w najlepszym wypadku będzie stratą czasu i pieniędzy, a w najgorszym może doprowadzić do globalnej katastrofy ekologicznej. Zagrożenia te spowodowane są brakiem nowoczesnej teorii elektrodynamiki, która mogłaby odpowiednio opisać rzeczywiste procesy zachodzące w instalacjach próżniowych. Pułapki otwarte SMOLA, którymi zajmuje się Instytut Fizyki Jądrowej im. G. Budkera, są wolne od wad zamkniętych pułapek (tokamaków) i są znacznie tańsze, a także mogą generować czystą, pozbawioną neutronów reakcję termojądrową. Książka przedstawia nowy paradygmat fizyki teoretycznej oparty na otwartym, rozszerzającym się Wszechświecie, w którym zbędnym medium ciemnej energii i ciemnej materii jest 95%, co prowadzi do modyfikacji kosmologii ΛCDM i Modelu Standardowego (SM) oddziaływania cząstek elementarnych. We wrześniu 2017 r., podczas 186. sesji Rady CERN-u, utworzono sekretariat Europejskiej Grupy Strategicznej (ESG), nowego organu koordynującego przygotowanie zaktualizowanej strategii europejskiej. Kluczowym zadaniem Europejskiej Grupy Strategicznej jest opracowanie ostatecznego planu programu i przedłożenie go do rozważenia w CERN. Proponuję Europejskiej Grupie Strategicznej rozważenie tej książki, w celu zbadania zupełnie nowego efektu - polaryzacji próżni kwantowej (ciemnej materii) w nowym zderzaku. Na liście zadań nowego zderzaka należy uwzględnić również badanie piątego podstawowego oddziaływania na podstawie teorii bizonów Yu.Baurowa oraz badanie cząstek elementarnych na podstawie Unitarnej Teorii Kwantowej profesora Leo Sapogina. Wtedy naprawdę będzie można mówić o nowej fizyce, w przeciwnym razie wiele krajów będzie nadal marnować swój czas i pieniądze na puste projekty.

-2-

I. Epistemologiczny optymizm wiedzy o fizyce Wszechświata

Streszczenie: W swoim artykule wypowiadam się w obronie tezy o samowystarczalności świata fizycznego, czyli tezy, że są w nim przyczyny istnienia świata i przyczyny wszystkiego, co się w nim dzieje. Dopóki iluzoryczna natura naszego świata nie zostanie udowodniona, naukowcy mają nadzieję na zrozumienie praw wszechświata. Jednocześnie świat fizyczny nie powinien ograniczać się do ram dominującego obecnie paradygmatu naukowego.

Słowa kluczowe: hologram, czas, przestrzeń, kontinuum, rezonans, masa, energia, informacja

1. Wprowadzenie

Ostatnio pojawia się coraz więcej artykułów naukowych na temat filozoficznego aspektu wiedzy o fizyce Wszechświata [1,2,3]. Zainteresowanie to jest całkiem zrozumiałe: paradygmat współczesnej nauki spotyka się z coraz bardziej nowoczesnymi wyzwaniami związanymi z analizą wyników najnowszych badań, w tym w dziedzinie fizyki kwantowo-relatywistycznej, która ujawnia zjawiska bezzasadnej korelacji systemów kwantowych. Motywuje to badaczy do myślenia o nielinearnym, nielokalnym charakterze naszej rzeczywistości. Jednak krytykując wulgarno-materialistyczny paradygmat współczesnej nauki, a raczej dominującą we współczesnej nauce tezę o inwersji procesów rozwojowych Wszechświata, związaną z odrzuceniem przez Alberta Einsteina koncepcji nieodwracalności, autorzy ryzykują utratę prawdziwej dialektyki rozwoju Wszechświata. Relatywistyczna inwaria, która ma w swej istocie subiektywną prezentację czasoprzestrzeni, nie jest zgodna z kwantowo-mechaniczną nielokalnością, która ma charakter obiektywny. Odzwierciedla to głęboką wewnętrzną sprzeczność kwantowo-relatywistycznej teorii pola i prowadzi do niemożliwych do pokonania trudności w rozwiązywaniu problemów kwantowej teorii grawitacji zunifikowanych teorii i reprezentacji czasoprzestrzeni w fizyce. Niekompletność tej teorii może być konsekwencją subiektywnego podejścia, a procesy fizyczne są rozpatrywane z perspektywy obserwatora. Sprzyja temu metodologia fizyki, oparta na postulowaniu relacji pomiędzy niezdefiniowanymi pojęciami, która ma charakter wyraźnie spekulacyjny, wyznaczając poziom rozwoju nauki. W książce "Physics Philosophy" M.Bunge stwierdził: "W fizyce ugruntowała się filozofia operacjonalizmu. Uważa się, że zarówno charakter, jak i równanie mają znaczenie fizyczne tylko w takim stopniu, w jakim odnoszą się do niektórych możliwych operacji osoby. Prowadzi to do stwierdzenia, że fizyka jako całość - jest nauką o działaniu, a nie nauką o naturze. To znaczy, że fizyka jest związana z

-3-

subiektywne doświadczenie, a nie obiektywna rzeczywistość."[4]. Najbardziej znanymi przedstawicielami "zasady antropicznej", w której obserwator jest kluczem do istnienia procesu, są fizycy Roger Penrose i John Wheeler. Według nich, okazuje się, że to nie jest Wszechświat, który teraz badasz, składa się z cząsteczek elementarnych, ale cząsteczki elementarne pojawiają się we Wszechświecie, ponieważ go badasz. Martin Ries, kosmolog i astrofizyk, prezes Royal Society of London, uważa, że narodziny Wszechświata pozostaną dla nas tajemnicą na zawsze. On oświadcza: "Nie rozumiemy praw wszechświata". I nigdy nie wiadomo, jak pojawił się wszechświat i co go czeka. Hipotezy o Wielkim Wybuchu, który rzekomo zrodził świat wokół nas, lub o tym, że równolegle z naszym Wszechświatem może istnieć wiele innych, lub o holograficznej naturze świata, pozostaną niepotwierdzonymi założeniami. " Po raz pierwszy "szalona" idea iluzji Wszechświata zrodziła się w połowie XX wieku w ręce fizyka z Uniwersytetu Londyńskiego, Davida Bohma, kolegi Alberta Einsteina. Według jego teorii, cały świat jest mniej więcej taki sam jak hologram. Szalony" pomysł Bohma został popchnięty przez sensacyjny eksperyment z cząsteczkami elementarnymi [1]. Alan Aspect, fizyk na Uniwersytecie Paryskim w 1982 roku, odkrył, że w pewnych warunkach elektrony mogą natychmiast komunikować się ze sobą, niezależnie od odległości między nimi. Bohm znalazł wytłumaczenie dla tego efektu. Według niego cząstki elementarne natychmiast oddziałują na siebie w każdej odległości, nie dlatego, że wymieniają między sobą sygnały, ale dlatego, że na głębszym poziomie rzeczywistości, takie cząstki nie są oddzielnymi obiektami, ale właściwie hologramem ekspansji czegoś bardziej podstawowego. W tym samym czasie Bohm zaproponował uznanie poziomu holograficznego świata za jeden z etapów nieskończonej ewolucji Wszechświata. Punktem wyjścia dla wyartykułowania przez Bohma tego, co rozumie przez "nowy porządek w fizyce", jest jego pojęcie całości. Tak więc kluczowe dla zrozumienia holomovovingu jest jego wyobrażenie o tym, jak powiązane ze sobą zjawiska splatają się w podstawową, jednolitą tkaninę prawa fizycznego [1]. Kolejnym etapem w rozwoju tego pomysłu jest książka "The

Holographic Universe" Michaela Talbota [2]. W tej książce cały świat materialny nie ma własnej rzeczywistości, ale jest projekcją głębokiego poziomu wszechświata. Wszechświat jest gigantycznym hologramem, gdzie nawet najmniejsza część obrazu niesie informacje o ogólnym obrazie istnienia i gdzie wszystko jest połączone i współzależne. Zdaniem wielu współczesnych naukowców i myślicieli, holograficzny model wszechświata jest jednym z najbardziej obiecujących obrazów rzeczywistości, jakimi dysponujemy dzisiaj. Autorzy nowej teorii powstania wszechświata N. Anshordi, R. Mann i R. Purhasan zasugerowali, że nasz wszechświat mógł się narodzić w wyniku implozji

-4-

(eksplozja do wewnątrz) gwiazdy z czterowymiarowego poprzednika wszechświata [3]. Taka eksplozja mogłaby stworzyć trójwymiarową powłokę wokół czterowymiarowej czarnej dziury, a więc Wszechświat jest hologramem upadku czterowymiarowej gwiazdy w czarną dziurę. Osobliwość Wielkiego Wybuchu jest przed nami na zawsze ukryta przez trójwymiarowy horyzont zdarzeń. "Proponowany model rozwiązuje najważniejsze problemy kosmologii: płaskość i jednorodność. Płaskość naszego Wszechświata jest wynikiem upadku bardzo masywnej, czterowymiarowej gwiazdy. Im większa masa czarnej dziury, tym większą płaskość będzie miał tribranus. A jednorodność tłumaczy się tym, że w czterowymiarowym Wszechświecie obejmującym Wszechświat, na długo przed pojawieniem się naszego Wszechświata, miała zostać ustanowiona równowaga temperaturowa. Bałkany powinny być wystarczająco gładkie i mogłyby przenieść tę własność na nasz trójwymiarowy wszechświat. Tutaj chciałbym przypomnieć stwierdzenie I. Prigogine'a, że "termiczna śmierć" Wszechświata według Clausiusa nie zagraża nam, ponieważ cała entropia powstała jeszcze przed Wielkim Wybuchem. Naukowcy z Centrum Badań Astrofizycznych w Laboratorium Fermi (Fermilab) pracują obecnie nad stworzeniem urządzenia holometrycznego. Przy pomocy urządzenia do pomiaru golometru eksperci mają nadzieję udowodnić lub obalić szalone założenie, że trójwymiarowy Wszechświat, jaki znamy, po prostu nie istnieje, będąc niczym więcej jak rodzajem hologramu. Innymi słowy, otaczająca nas rzeczywistość jest iluzją i niczym więcej. Dopóki iluzoryczna natura naszego świata nie zostanie udowodniona, naukowcy mają nadzieję na zrozumienie praw wszechświata. Jednocześnie świat fizyczny nie powinien ograniczać się do ram dominującego obecnie paradygmatu naukowego. Wraz z przyjęciem nowego paradygmatu w fizyce teoretycznej, w centrum którego znajdzie się próżnia kwantowa (ciemna energia i ciemna materia) uczestnicząca we wszystkich interakcjach w przyrodzie, naukowcy otworzą nowe horyzonty czasowe, nowe symetrie i prawa ochronne właściwe dla systemów otwartych. Wtedy iluzoryczna natura wszechświata zostanie zapomniana aż do nowego kryzysu wiedzy o fizyce wszechświata.

2. Dwoistość czasu i rozdzielenie przestrzeni.

W programie współczesnej fundamentalnej fizyki teoretycznej z całą ostrością znajduje się problem wyprowadzenia klasycznych koncepcji czasoprzestrzeni z koncepcji i praw fizyki mikroświata. Stosując teorię liniowych zbiorów miar, profesor I.N. Taganov udowodnił, że jeżeli stan procesów fizycznych jest zawsze mierzony z niepewnością ostateczną (Heisenbergowska relacja niepewności pomiędzy współrzędnymi i pędem cząstki a czasem i energią), to momenty czasu fizycznego mogą być reprezentowane tylko przez liczby złożone [5]. W 1955 roku M. Bunge wprowadził złożony czas do teorii elektronu [4]:

-5-

$$T = (t + i\tau) \qquad (1)$$

gdzie

t jest to czas życia elektronu w atomie;

τ jest urojonym czasem cyklicznym, równym okresowi spinu elektronowego ($\tau=h/4\pi mc^2$, $\tau=10^{-21}$s.).

Geometryczny obraz złożonego czasu fizycznego może służyć jako spirala o zmiennej podziałce i średnicy w pseudo-trójkątnej przestrzeni. Koncepcja spirali czasu w mikrokosmosie fizyki eliminuje problem rozprzestrzeniania się pakietu falowego reprezentującego mikrocząstki o skończonych masach i wymiarach. W nowej interpretacji mechaniki kwantowej, a nie problemu, "falowo-cząsteczkowa dwoistość" - przy swobodnym ruchu poszczególnych mikrocząstek w każdym momencie złożonego czasu cząstka ma dobrze określone złożone współrzędne [6]. Jeśli chodzi o rozumienie dwoistej natury czasu, S. Hawking napisał: "Istnieje taka potrzeba zrozumienia tego, czym jest czas wyobrażony - po prostu jest on inny od czasu, który nazywamy rzeczywistością". Bardziej dogłębne uzasadnienie dwoistości czasu podał laureat Nagrody Nobla I.R. Prigogine w swojej książce "Czas, chaos, kwant". Napisał on: "Musimy wyjść poza pojęcie czasu jako parametru opisującego ruch poszczególnych systemów. W oscylatorach harmonicznych (klasycznych i kwantowych) czas jest jednoznacznie związany z prawami ruchu, natomiast w układach nieintegracyjnych odgrywa on podwójną rolę. Jeżeli zrównoważone systemy kojarzone są z pojęciem deterministycznego czasu symetrycznego, to niestabilne systemy chaotyczne kojarzone są z pojęciem czasu probabilistycznego, co oznacza naruszenie symetrii pomiędzy przeszłością a przyszłością". [7]. Możemy więc mówić o dwuwymiarowości czasu, podobnej do przestrzeni trójwymiarowej.

Dwoistość czasu może być teoretyczną podstawą do wprowadzenia do koncepcji fizyki przestrzeni wielowarstwowej, składającej się z podstawy (przestrzeni współrzędnych) i warstwy (przestrzeni pędu). Przede wszystkim jest to teoretyczne uzasadnienie rozdzielenia przestrzeni Xm ( ) przy geometryzacji układów dynamicznych. Podstawą jest n-wymiarowy kolektor różniczkowy Xn (podstawowa przestrzeń współrzędnych) oraz warstwa - m-wymiarowy kolektor (warstwa - przestrzeń pędu). W tworzeniu koncepcji "podstawy" powrotu do stanu początkowego jest decydujące i pozwala opisać stan układu (klasyczne i kwantowe oscylatory) symetrycznych równań niezmiennych, podczas gdy układ jest w stanie ustalonym. System ten odpowiada koncepcji horyzontu czasowego, w którym możemy przewidzieć stan systemu, jego drogę rozwoju, a następnie stan początkowy systemu nie może służyć jako podstawa do przewidywania. Z systemu przejścia na nowy poziom, w którym system, aby stać się nieintegracyjnym, jest zdominowany przez nieodwracalne procesy i traci właściwość inwersji czasu, odpowiada koncepcji "warstwy". Do opisu stanu układu (klasyczne i kwantowe oscylatory) w podstawie można użyć symetrycznych, niezmiennych równań, ale w warstwie do opisu nieodwracalnych procesów wymagają

inny aparat matematyczny [6].

3. Pięciowymiarowe kontinuum (dwie współrzędne czasowe i trzy współrzędne przestrzenne) i jego zalety w porównaniu z płaskim kontinuum Minkowskiego

W XX wieku wielu naukowców, w tym Albert Einstein, podejmowało wielokrotne nieudane próby geometrycznego połączenia grawitacji i elektromagnetyzmu w ramach czterech wymiarów kontinuum Minkowskiego i udało się to tylko T. Kałuzy, ale w pięciowymiarowym świecie formalnym o czterech wymiarach przestrzennych i wymiarze jednorazowym. W 21 wieku, nauka stoi przed zadaniem połączenia pięciu rodzajów oddziaływań w jedną teorię: piąta interakcja dodane do oddziaływań grawitacyjnych, elektromagnetycznych, słabych i silnych, ze względu na piątą siłę generowaną przez pole skalarne w próżni kwantowej (ciemna materia). Jednocześnie geometryzacja w zunifikowanej teorii pięciu typów oddziaływań wymaga wprowadzenia dodatkowych wymiarów. Rozważyć zalety pięciowymiarowego kontinuum Kalutza nad płaskim czterowymiarowym kontinuum Minkowskiego [8]. Piąty składnik prędkości cząstki ma fizyczne znaczenie stosunku ładunku elektrycznego q do masy m cząstki. Piąte równanie linii geodezyjnej oznacza stały stosunek q / m dla aktualnego stanu planet w układzie słonecznym (aktualnego horyzontu czasowego). Prawdą jest nawet, że moment pędu cząstek w piątej współrzędnej jest ładunkiem elektrycznym [8]. Różnorodność przestrzenna i czasowa o różnych wymiarach różne właściwości wprowadzone do tych dyskretnych transformacji konwersja P-przestrzeń, czas konwersji T i C koniugacja ładunków. Rozdzielacz 5-wymiarowy zamiast kwadratu 4-wymiarowego przedziału $ds^2 = g_{\alpha\beta}$

$dx^a dx^\beta$ powinien przyjmować dl^2 = GAB dx^A dx^B, gdzie wskaźniki A i B mają znaczenie: 0,1,2,3,5.

GAB są składnikami pięciowymiarowego tensora metrycznego. Tworzą one kwadratową matrycę składającą się na ogół z 15 niezależnych elementów:

$$GAB = \begin{matrix} G00 & G01 & G02 & G03 & G05 \\ G10 & G11 & G12 & G13 & G15 \\ G20 & G21 & G22 & G23 & G25 \\ G30 & G31 & G32 & G33 & G35 \\ G50 & G51 & G52 & G53 & G55 \end{matrix} \qquad (2)$$

W zakrzywionej czasoprzestrzeni Riemanniana, działającej ze składowymi pięciowymiarowego tensora metrycznego, można uzyskać dziesięć składowych tensora metrycznego z ogólnej teorii względności Einsteina, cztery składowe potencjału wektora elektromagnetycznego $\bar{A}$ z teorii Maxwella oraz jedną składową, która teoretycznie może opisać każde nowe pole skalarne [8].

Pięciowymiarowe kontinuum proponowane w artykule, które obejmuje dwa temporalne

Współrzędne i trzy współrzędne przestrzenne, pochłonięte wszystkie zalety pięciowymiarowego świata Kałuzy nad płaską czterowymiarową kontinuum Minkowskiego, ujawniły związek makrokosmosu, w tym reprezentacji temporalnych, z mikrokosmosem, ładunkiem i masą cząstek elementarnych, z obecnością środowiska kosmicznego (ciemna energia i ciemna materia), z istnieniem pól wektorowych i skalarnych. Za jego poprzednika można uznać Pięciowymiarową Próżnię Eddingtona (Uranoid), która oprócz czterowymiarowego kontinuum Minkowskiego obejmuje również współrzędną piątą [9]. Uranoid Eddingtona jest obiektem badanego środowiska (cały wszechświat składa się z cząstek elementarnych). Zawiera, oprócz czterech wymiarów kontinuum Minkowskiego (x1, x2, x3, t), piąty - czas t0. "E-rama zapewnia piąty kierunek prostopadły do osi x1, x2, x3, t; a wektor położenia może być wydłużony t0:

$$X = E15\, ix1 + E25\, ix2 + E35\, ix3 + E45\, t + E05\, t0, \qquad (3)$$

gdzie zgodnie z rzeczywistymi warunkami t0 powinno być prawdziwe" [9].

Yu. Vladimirov w monografii [8] wyraźnie stwierdził, dlaczego teoria Kaluzy nie stała się narzędziem pracy fizyków. Należy tu zauważyć, że choć teoria pięciowymiarowa Kaluzy poczyniła znaczne postępy w tworzeniu jednolitej teorii oddziaływań grawitacyjnych i elektromagnetycznych, to jednak nie znalazła wystarczającego wsparcia i zrozumienia w kręgach naukowych i przez długi czas była zapomniana. Taki sam los spotkał Podstawową Teorię Eddingtona, ale powody tego są w dużej mierze subiektywne. Elita naukowa nadal nie akceptuje takich pojęć jak "Uranoid" (w sensie próżni kwantowej) i "strzała czasu" (w sensie ewolucji systemów otwartych) [6].

Rozważyć zalety pięciowymiarowego kontinuum, które obejmuje dwa wymiary czasu i trzy wymiary przestrzeni przed pięciowymiarowym kontinuum Kalutza, które obejmuje jeden wymiar czasu i cztery wymiary przestrzeni.

Po pierwsze, w pięciowymiarowej teorii Kałuzy, nawet sam autor nie miał jasności co do fizycznego znaczenia piątej współrzędnej. Oto ostatnie słowa z artykułu Kaluzy: "Trudno jeszcze pogodzić się z myślą, że wszystkie te związki, których nie da się prześcignąć stopniem osiągniętej w nich formalnej jedności, są tylko kapryśną grą zwodniczej przypadkowości. Ale jeśli można pokazać, że za zakładanymi połączeniami kryje się coś więcej niż tylko pusty formalizm, to będzie to nowy triumf dla ogólnej teorii względności Einsteina "[10]. Udało nam się pokazać, że piątą współrzędną (pseudoprzestrzenną czwartą w Kałuży) jest czas ewolucji układu (t), podzielony na odcinki - horyzonty czasowe (T). Czas horyzontu jest to czas, w którym możemy przewidzieć zachowanie się systemu, jego trajektorię rozwoju, a następnie stan początkowy

system nie może już służyć jako podstawa do przewidywania. Piąty wymiar ma szczególny status. Nie pozwala ona na wpisanie Wszechświata w prokrustowe złoże symetrycznych, niezmiennych rozwiązań teorii Einsteina. Propozycja Einsteina i Bergmana, aby udoskonalić teorię Kałuzy, zamknąć piąty wymiar i przedstawić świat cykliczny, zamknięty lub zwarty przez piątą współrzędną, prowadzi do błędnego prawa malejących sił grawitacyjnych w świecie pięciowymiarowym [11]. Jeśli jednak pozwolimy na wyodrębnienie piątej współrzędnej (w szczególności metryka jest niezależna od piątej współrzędnej), to te same 5-wymiarowe rozwiązania równań Einsteina dają inne rozwiązanie, w wyniku czego $F_r \sim 1/r^2$ nie jest sprzeczne z eksperymentem [8].

Po drugie, dlaczego przejawy dodatkowego wymiaru są tak ograniczone, to znaczy dlaczego piąty wymiar pozostaje praktycznie niewykrywalny? W teorii Kałuzy nie ma odpowiedzi na to pytanie, choć wszystkie zjawiska elektromagnetyczne można w niej interpretować jako przejawy piątego wymiaru. Stan walcowatości w piątym wymiarze, niezbędny do uzyskania tensora natężenia pola elektromagnetycznego, został osiągnięty w pięciowymiarowej teorii Kałuzy poprzez postulowanie niezależności wszystkich wielkości geometrycznych od piątej współrzędnej. W późniejszych interpretacjach teorii Kałuzy dopuszcza się zależność wielkości od piątej współrzędnej, ale okres zależności cyklicznej jest bardzo mały $T=10^{-31}$s i praktycznie nie występuje w stosowanych wzorach. Przyczynę nieobsługiwania piątego wymiaru wyjaśnia właściwość cykliczności świata w piątej współrzędnej o bardzo małym okresie. Ale wszystkie te wyjaśnienia są odpowiednie dla świata zamkniętego w piątej współrzędnej [8]. Jednak autor ewolucyjnego paradygmatu Wszechświata, laureat Nagrody Nobla I.R. Prigogine stwierdził, że "odizolowane, zamknięte systemy ewoluują do chaosu, a systemy otwarte do coraz wyższych form złożoności". [7]. Tak więc, zamknięcie piątej współrzędnej Einsteina skazuje Wszechświat na degradację. Z naszych stanowisk w powyższych wyjaśnieniach wynika, że nastąpiło zastąpienie pojęć. Cykliczny, niezmienny czas Minkowskiego zastąpił ewolucyjny, niezmienny czas piątej współrzędnej. Powrócimy do pomiarów przestrzennych i czasowych w naszych miejscach i spróbujemy odpowiedzieć na drugie pytanie, opierając się na naszym pięciowymiarowym kontinuum. Niezależność wartości od piątej współrzędnej jest możliwa tylko w przedziałach czasowych T, tworzących horyzonty czasowe. W tych obszarach system jest w stanie stacjonarnym, równowagi, jest integrowalny, wszystkie jego główne parametry zachowują swoje wartości, a czas jest cykliczny i niezmienny. Zupełnie inny obraz obserwuje się na granicach horyzontów czasowych. Tam system przechodzi na jakościowo nowy poziom ewolucyjny, podczas gdy system znajduje się w stanie nierównoważnym, niestacjonarnym, dominują w nim procesy nieintegracyjne, nieodwracalne, poszukuje nowego stanu równowagi, któremu będą odpowiadać nowe wartości podstawowych parametrów. To właśnie na skrzyżowaniach horyzontów czasowych należy oczekiwać zależności wartości kontinuum od piątej współrzędnej. W tym przypadku, czas traci własność inwazyjną i staje się

-9-

probabilistyczny, to znaczy, że system może albo rozwijać się dalej w nowym charakterze, albo przestać istnieć. Energia potrzebna systemowi do przemian ewolucyjnych, otrzymuje z zewnątrz z kosmicznego środowiska Wszechświata (ciemna energia i ciemna materia) [6].

4. Energia i informacje

W tradycyjnym fizycznym opisie wszechświata, głównym czynnikiem jest energia. Jednak ostatnio stało się jasne, że informacje są równie ważne. Informacja określa formę, jaką przybiera substancja i określa przemiany, którym podlega energia. Ciemna energia i ciemna materia tworzą obserwowaną gęstość materii we Wszechświecie $\rho v = (0,721 \pm 0,025) \cdot 10^{-29}$ g /cm³ i łączą wszystkie obiekty Wszechświata w jedno pole informacyjne [12]. W nieskończonym wszechświecie energia i informacja są równymi partnerami [13]. Ostatecznie, informacja i energia uzupełniają się wzajemnie: energia powoduje zmiany w systemach fizycznych, a informacja wskazuje, w którym kierunku nastąpią zmiany. Każda molekuła, atom i cząstka elementarna, a nawet więcej makroskopijnych obiektów, są w stanie przechowywać informacje. Akty oddziaływania obiektów ze sobą i z polami energetycznymi dowolnej natury można opisać jako elementarne operacje logiczne, w których bity kwantowe zmieniają swoje wartości - elementarne jednostki informacji kwantowej. Paradoksalne, ale obiecujące podejście Seta Lloyda pozwala elegancko rozwiązać problem ciągłego komplikowania się wszechświata [13]. Wszechświat nieustannie przetwarza informacje - będąc ogromnym komputerem kwantowym, zawsze oblicza swoją własną przyszłość. Wszechświat jest największą rzeczą, jaka się tam znajduje, a ten bit jest najmniejszym możliwym kawałkiem informacji. Wszechświat jest zrobiony z bitów. Każda molekuła, atom i cząstka elementarna rejestruje bity informacji. Każda interakcja pomiędzy tymi fragmentami wszechświata przetwarza tę informację poprzez zmianę tych bitów. To znaczy, że wszechświat oblicza, a ponieważ wszechświat rządzi się prawami mechaniki kwantowej, oblicza on w sposób z natury kwantowo-mechaniczny; jego bity są bitami kwantowymi. Historia wszechświata jest w efekcie ogromną i trwającą obecnie kwantową kalkulacją. Jednak dopiero w ostatnich latach, wraz z odkryciem i rozwojem komputerów kwantowych, naukowcy zdobyli fundamentalne pojęcie o tym, jak te informacje są rejestrowane i przetwarzane. Opierając się na ostatnich przełomowych odkryciach w obliczeniach kwantowych, profesor Seth Lloyd pokazuje, że wszechświat sam w sobie jest gigantycznym komputerem i że dalszy postęp w rozumieniu fizyki można osiągnąć poprzez uznanie entropii za zjawisko informacyjne, a nie termodynamiczne [13]. Każdy atom i każda cząstka elementarna przechowuje te bity, a każde zderzenie pomiędzy tymi atomami i cząstkami zmienia ich układ i bez trudu tworzy piękne i złożone układy, w tym galaktyki, planety i samo życie. Kwantowy model obliczeniowy wszechświata wyjaśnia szereg obserwowanych zjawisk nie objętych zwykłym prawem fizyki. W szczególności model ten pokazuje, że wszechświat automatycznie tworzy mieszankę losowości i porządku, a także układy proste i złożone. Zdolność wszechświata do

Calc wyjaśnia jedną z największych tajemnic natury: jak z bardzo prostych praw fizyki powstają złożone systemy, takie jak żywe istoty. Prawa te umożliwiają przewidywanie przyszłości, ale tylko jako prawdopodobieństwo i tylko w sensie ogólnym. Kwantowo-komputerowa natura wszechświata jest taka, że konkretne szczegóły przyszłości zawsze pozostają nieprzewidywalne. Technologie kwantowe - technologie kontroli materii na poziomie atomowym - uzyskały w ostatnich latach niezwykły rozwój. Teraz mamy dość stabilne lasery, dość dokładne metody produkcji i szybką elektronikę - wszystko to pozwala nam na wykonywanie obliczeń na poziomie atomowym. Aby zrealizować dowolny system fizyczny z punktu widzenia jego fragmentów, konieczne jest dobre zrozumienie mechanizmu, za pomocą którego każdy element tego systemu rejestruje i przetwarza informacje. I wtedy powstaje pytanie, czy uzasadnione jest założenie, że kwantowe technologie Seta Lloyda, za pomocą których rejestruje on i przetwarza informacje w komputerze kwantowym, są podobne do mechanizmu, za pomocą którego Wszechświat wykonuje te operacje w naturze. W swojej książce "Czas, chaos, kwant" laureat Nagrody Nobla Ilya Prigogine ujawnił mechanizm, dzięki któremu materia rodzi się we Wszechświecie i jak energia jest kojarzona z materią i informacją w dużych systemach Poincare'a (LSP) [7].

5. Rezonanse i narodziny materii w dużych systemach Poincare'a

Próżnia kwantowa jest globalnym polem superpozycji oscylatorów z kontinuum częstotliwości. W przeciwieństwie do pola, cząsteczka oscyluje z tą samą stałą częstotliwością. Przed nami jest przykład nieintegracyjnego systemu Poincare. Rezonanse będą występować zawsze, gdy częstotliwość pola i cząstki będą się pokrywać. Ewolucja układów dynamicznych (cząstek) aż do samoorganizującej się materii zależy od dostępnych rezonansów pomiędzy stopniami swobody. To był wniosek I. Prigogine'a i I. Stengera w ich monografii "Czas, Chaos, Kwant" [7]. Ożywili pomysł N. Tesli na teorię globalnego rezonansu. Niemniej jednak, jeśli teoria rezonansowa Tesli o narodzinach materii w eterze opierała się na intuicji pomysłowego eksperymentatora, to w przypadku I. Prigogine'a teoria ta uzyskała rygorystyczny pogląd matematyczny. Udowodnione przez Poincare nieintegracyjne układy dynamiczne oraz teoria trajektorii rezonansowych Kołmogorowa-Arnolda-Mosera pozwoliły Prigogine'owi stwierdzić, że mechanizm oddziaływania rezonansowego cząstek w dużych układach Poincare (LPS) był "zasadniczo" obowiązkowy i nie probabilistyczny. Wraz z rosnącymi parametrami komunikacyjnymi zwiększa się prawdopodobieństwo uzyskania wyników rezonansu. Do takich właśnie układów dynamicznych LPS należą układy oddziaływania cząstek z otoczeniem kosmicznym i ze sobą nawzajem. Laureat Nagrody Nobla I. Prigogine napisał: "Gdyby układy były niezależne, to dla spójności i samorealizacji nie byłoby po prostu miejsca, ponieważ wszystkie ruchy dynamiczne byłyby w zasadzie izomorficznymi ruchami wolnych (nieingerencyjnych) cząstek.

Na szczęście, LPS w naturze ma przewagę nad innymi systemami." [7]. Wszechświat Einsteina jest zamkniętym wszechświatem o stałej entropii, ponieważ w takim wszechświecie nie ma nieodwracalnych procesów. Aby opisać narodziny materii w ogólnej względności Einsteina należy wziąć pod uwagę zmiany w gęstości materii wynikające z produkcji cząstek. Prowadzi to do zaburzeń symetrii czasowej. Prigogine zaproponowała dodanie liczby zmiennych zawartych w modelu standardowym (ciśnienie P, masa-gęstość energetyczna σ i promień wszechświata R (t)) dodatkowej zmiennej n - gęstości cząstek i dodatkowego równania, które wiązałoby funkcję Hubble'a z promieniem wszechświata R (t) i narodzinami cząstek n. W przypadku wszechświata, składającego się z cząstek o tym samym typie masy M, kiedy gęstość masy-energii jest po prostu równa σ, a ciśnienie P - zanika, Prigogine oferuje proste równanie, które uwzględnia tworzenie się cząstek:

$$\alpha H^2 = \frac{1}{R^2}\frac{\partial nR^3}{\partial t} \qquad (4)$$

gdzie α - stała kinetyczna równa zeru lub dodatnia.

W tym równaniu (4), wartości α i H są dodatnie, ponieważ mówimy tylko o narodzinach (a nie o zniszczeniu) cząstek. W przestrzeni Minkowskiego, gdzie H = 0, produkcja cząstek nie może być (równanie $H\psi = 0$ jest często nazywane równaniem Wheeler - DeWitt). Ponadto, we Wszechświecie Einsteina całkowita liczba nR^3 stała niezależnie od wartości H, α = 0 [7]. Ponadto, biorąc pod uwagę, jak narodziny cząstek prowadzą do modyfikacji równań GTR Einsteina w zakresie pierwszego i drugiego prawa termodynamiki, mamy produkcję entropii proporcjonalną do tempa produkcji cząstek [7]. We współczesnej fizyce powszechnie przyjmuje się, że funkcja strukturalna cząstek (a nawet funkcja falowa wszechświata w równaniu Schrödingera) może być reprezentowana albo jako funkcja czasu (reprezentacja czasowa), albo jako funkcja amplitudy składowych harmonicznych częstotliwości (reprezentacja spektralna). Reprezentacje te są jednak równoważne tylko dla procesów niezmiennych, gdy czas jest jednoznacznie związany z ruchem cyklicznym. Przy opisywaniu niezmiennych, nieodwracalnych procesów, które wykraczają poza horyzont czasowy i są związane z narodzinami lub zanikiem cząstek, zastosowanie reprezentacji czasowej byłoby błędem. W tym przypadku odpowiedni opis procesów daje jedynie reprezentację spektralną [6, 14].

6. Wniosek

Optymizm epistemologiczny jako doktryna filozoficzna, twierdzący o możliwości całkowicie kompletnego, wyczerpującego poznania świata, jest przeciwieństwem agnostycyzmu jako doktryny filozoficznej, która neguje możliwość poznania obiektywnego świata i jego praw. Fizycy w swojej pracy kierują się sceptycyzmem, jako

stanowisko filozoficzne, budzące wątpliwości jako podstawowa zasada myślenia teoretycznego, w szczególności wątpliwości co do możliwości osiągnięcia absolutnie niezawodnej i prawdziwej wiedzy o rzeczywistości. Sceptycyzm i relatywizm odegrały pozytywną rolę w nauce, kwestionując wszystko, co nie ma racjonalnego uzasadnienia. Wątpliwości i krytyka miały na celu przezwyciężenie dogmatyzmu, absolutyzowanie prawdy. Skrajny sceptycyzm, jaki panuje dziś w fizyce teoretycznej, wiąże się jednak z agnostycyzmem. Powodem tego jest kryzys paradygmatu naukowego, który dominuje dziś w fizyce. Ani standardowy model kosmologiczny ΛCDM (Λ-Cold Dark Matter), ani standardowy model oddziaływań SM cząstek elementarnych nie mogą odpowiednio wyjaśnić nieodwracalnych procesów ewolucji Wszechświata. Powodem tego jest ogólna podstawa teoretyczna wybrana dla obu standardowych modeli. Naukowcy potrzebują nowej strategii, konieczne jest przełamanie zakazów i dogmatów Einsteina o specjalnej i ogólnej względności oraz przestarzałej zasady Bohra o "komplementarności", która zakazuje nawet myślenia o wewnętrznej strukturze cząstki elementarnej [14]. SM nie posiada teoretycznie sprawdzonego algorytmu obliczania masy widma i nie ma pomysłu jak to zrobić!

Gorzej niż SM zawiera od 20 do 60 regulacji w dowolny sposób! - Parametry (istnieją różne wersje SM). Wszystko to mocno przypomina sytuację z Ptolemaickimi modelami Układu Słonecznego przed pojawieniem się praw Keplera i mechaniki Newtona. Te zorientowane na ziemię modele ruchu planet w Układzie Słonecznym wymagały początkowo wprowadzenia tzw. epicykli specjalnie dobranych do koordynacji teoretycznych prognoz i obserwacji. Współczesne teorie kwantowe, takie jak Jednolita Teoria Kwantowa (UQT) Lwa Sapogina [15] czy konkurująca z nią Teoria Bajonu (TB) Jurija Baurowa [12], odrzucają przestarzałą zasadę komplementarności Bohra i dają wyobrażenie o wewnętrznej strukturze cząstki elementarnej. Takie podejście pozwoliło tym teoriom na zaproponowanie nowych algorytmów obliczania widma masowego cząstek elementarnych i teoretyczne obliczenie wartości mas wszystkich cząstek elementarnych, zarówno tych odkrytych eksperymentalnie, jak i przewidywanych w przyszłości. Zaproponowany w artykule model otwartego Wszechświata nie pozostawia miejsca na iluzje.

PODZIĘKOWANIA

Autor dziękuje za rozmowę profesorom I.N. Taganov, Yu. A. Baurov, Leo Sapogin

REFERENCJE

1. Implikacje kwantowe: Eseje na cześć Davida Bohma, (B.J. Hiley, F. David Peat, redakcja), Londyn: Routledge (1987), ISBN 0-415-06960-2
2. Michael Talbot *The Holographic Universe*, ISBN 0-06-092258-3, (1991)
3. N.Afiordi, R.Mann, R.Purhasan *Black hole at the beginning of time* - Scientific American, No.10, (2014)
4. Bunge M. *Filozofia Fizyki*, - Moskwa: Postępy, (2003)

-13-

5. Taganow I.N., Fizyka nieodwracalnego czasu, - Rosyjska Akademia Nauk, Petersburg, (2014)
6. Konstantinov S.I., *Metaphysics of Classical Space and Time* - Global Journals Inc. (USA) GJSFR-A, tom 16 wydanie 5 wersja 1.0 Rok (2016)
7. Prigogine, I., Stengers I. *Time, Chaos, Quantum.*- Moskwa, Progress, (1994)
8. Vladimirov Yu.S., *Space and Time: Explicit and Hidden Dimensions*,- Moskwa: Librok, (2012)
9. Eddincton A.S. *Fundamental Theory* - Cambridge, (1946)
10. T. Kaluza *Do problemu jedności fizyki // Albert Einstein i Teoria Grawitacji* - Moskwa: Mir, (1979)
11. A.Einstein, P. Bergman. *Uogólnienie teorii energii elektrycznej Kaluza* -(1938)
12. Baurov Yu.A., *Standard leptony i następujący lepton w teorii Bajuonu*,- M.: Biuletyn Rosyjskiej Akademii Nauk: Fizyka, tom 80, nr 5, (2016)
13. Lloyd, S., *Programowanie Wszechświata: A Quantum Computer Scientist Takes On the Cosmos,* - Knopf, 14 marca 2006, 240 s., ISBN 1-4000-4092-2

14. Sapogin, L.G., Dzhanibekov, W.A., Moкulsky, M.A., Ryabov, Yu.A., Savin, Yu.P. i Utchastkin, W.I., *O konfliktach między Jednolitą Teorią Kwantową a Specjalną i Ogólną Teorią Względności.* - Journal of Modern Physics, 6, s. 780-785, (2015).
15. Leo G. Sapogin, Yu.A. Ryabov, V.A. Boichenko , The Unitary Quantum Theory and a New Sources of Energy. - Science Publishing Group, USA. (2015)

II. Nowa kosmologia - baza dla innowacji w pojazdach kosmicznych

Streszczenie: W moim artykule, zamiast standardowego modelu kosmologicznego ΛCDM (Λ- Cold Dark Matter), zaproponowano model, który pozwala połączyć ciemną materię i ciemną energię w jedną superpłynną ciecz i wyjaśnia mechanizm tworzenia mas "negatywnych" i pozytywnych. Nowy model oparty jest na wynikach ostatnich eksperymentów kosmicznych, lokalnej teorii ekspansji Wszechświata, profesorze Moskiewskiego Uniwersytetu Państwowego A. Czernina, nowej strategii w teorii płynu nadpłytkowego zaproponowanej przez profesora L. Boldyrewę oraz modelu, zaproponowanego przez szefa Oxfordzkiego Centrum Badawczego, dr Jamesa Farnsa, w którym zakłada się, że ciemna energia i ciemna materia mogą być połączone w jedną ciecz o ujemnej masie. Artykuł prezentuje również niekonwencjonalne spojrzenie na fizykę pozyskiwania energii utajonej z kosmicznej "próżni" Wszechświata.

-14-

Słowa kluczowe: ciemna energia, ciemna materia, próżnia kwantowa, superpłynny ^{3}He-B, grawitacja, antygrawitacja, spin, masa, dipol, ciśnienie, gęstość, polaryzacja, bizon, silniki kosmiczne

1. Wprowadzenie

Pomimo wszystkich sukcesów współczesnej astrofizyki, kosmologiczna teoria narodzin i ewolucji Wszechświata nadal pozostaje obszarem błędnych wyobrażeń. Próbując stworzyć warunki Wielkiego Wybuchu, argumentując, że w najwcześniejszym momencie ewolucji Wszechświata, czyli w czasie ery Plancka, temperatura wynosiła około 10 ^{2} K, zwolennicy koncepcji osobliwości i gorących modeli mogą nigdy nie osiągnąć cenionego momentu narodzin Wszechświata. Martin Ries, kosmolog i astrofizyk, prezes Royal Society of London, uważa, że narodziny Wszechświata pozostaną dla nas tajemnicą na zawsze. On oświadcza: "Nie rozumiemy praw wszechświata i być może nigdy nie dowiemy się jak wszechświat się pojawił i co go czeka". Hipotezy o Wielkim Wybuchu, który rzekomo zrodził świat wokół nas, lub o tym, że może istnieć wiele innych równoległych uniwersytetów, lub o holograficznej naturze świata, pozostaną niepotwierdzonymi założeniami". Wszystkie zaproponowane modele rozwiązują najważniejsze problemy kosmologii: płaskość i jednorodność Wszechświata w ramach dzisiejszych idei naukowych, ale z różnych pozycji i każdy ma prawo do istnienia. Powstaje jednak pytanie: jeśli Wszechświat się rozszerza, to skąd bierze się energia, aby utrzymać stałą gęstość kosmologiczną energii? Pisze o tym V. Rubakov, członek Rosyjskiej Akademii Nauk: "Nie ma prawa do oszczędzania energii w kosmologii. Wszechświat się rozszerza, ale grubość energii jest stała. Zwiększa się objętość i zwiększa się też energia w tej objętości. Skąd to się bierze? Znikąd nie ma prawa do oszczędzania energii" [1]. Jeśli naukowcom uda się znaleźć to źródło energii, wówczas ludzkość otrzyma darmową, czystą energię w nieograniczonych ilościach i otworzy niewyczerpane źródło koncepcyjnych innowacji we wszystkich obszarach działalności. Takim źródłem niewyczerpanej energii może być próżnia kwantowa (ciemna energia i ciemna materia), ale z jednym warunkiem. Liczne eksperymenty pozwoliły ustalić, że w stabilnym, stabilnym stanie aktywny wpływ z zewnątrz (od strony materii niebaronicznej) na system jest znikomy, ale może mieć duże znaczenie, gdy system przechodzi w stan niestabilny. W ten sposób system staje się nieintegrowalny, czas traci swoją inność, a jego zachowanie ma charakter probabilistyczny [2]. W ten sposób Wszechświat odbiera energię, aby utrzymać stałą gęstość kosmologiczną podczas ekspansji, a to jest podstawą dla innowacji statków kosmicznych nowego typu (bez paliwa).

-15-

2. Kosmologiczne modele XXI wieku

Standardowy model kosmologiczny ΛCDM (Λ- Cold Dark Matter) jest oparty na ideach Ogólnej Teorii Względności Einsteina (GRT). Dotyczy to mitycznego Big Bang i teorii inflacji. Dziś wielu astrofizyków zaprzecza teorii Wielkiego Wybuchu i inflacyjnej ekspansji Wszechświata. W tym podejściu ekstrapolacja obserwowanej ekspansji Wszechświata w czasie prowadzi do pojęcia osobliwości, kiedy wymiary początkowego Wszechświata nieuchronnie mają tendencję do zera, z nieskończoną gęstością i temperaturą.

18 grudnia 2018 roku w INTERNECIE pojawiła się publikacja "Znaleziono równowagę we wszechświecie", w której naukowcy z Uniwersytetu Oksfordzkiego zaproponowali model łączący ciemną materię i ciemną energię w jedno zjawisko: ciecz o ujemnej masie, która pozwoliła na rozwiązanie jednego z największych

problemów współczesnej kosmologii [3]. Dr James Farnes, który prowadził zespół w Oxford Research Center, powiedział: "Wierzymy teraz, że zarówno ciemna materia jak i ciemna energia mogą być połączone w płyn, który ma jakiś rodzaj "negatywnej grawitacji". Nowe badanie jest komputerową symulacją właściwości masy ujemnej, która przewiduje powstawanie aureoli ciemnej materii w taki sam sposób, jak w przypadku obserwacji prowadzonych przy użyciu nowoczesnych teleskopów radiowych. Większość galaktyk obraca się tak szybko, że powinny się rozpadać, ale niewidzialna "aureola" ciemnej materii powinna je trzymać razem. Wynik wydaje się całkiem piękny: ciemna energia i ciemna materia mogą być połączone w jedną substancję, a oba efekty można po prostu wytłumaczyć jako dodatnią masę materii unoszącą się w morzu mas ujemnych". Sprawa ta zakłada, że nasz kosmos jest symetryczny zarówno w cechach pozytywnych jak i negatywnych. Istnienie negatywnej materii zostało wcześniej wykluczone, ponieważ wierzono, że materiał ten stanie się mniej gęsty w miarę rozszerzania się wszechświata, co jest sprzeczne z naszymi obserwacjami, które pokazują, że ciemna energia nie przerzedza się w czasie. Badacze zaproponowali jednak "tensor tworzenia", który pozwala na ciągłe tworzenie mas negatywnych. Pokazuje to, że coraz więcej negatywnych mas nieustannie włamuje się do naszego istnienia [3].

2.1 Kosmologiczny model ośrodka superpłynnego (odpowiednik ^{3}He-B) i jego zalety w stosunku do modelu Uniwersytetu Oksfordzkiego

W 2016 r. zaproponowano model, który pozwala na osiągnięcie równowagi we Wszechświecie, połączenie ciemnej materii i ciemnej energii w jeden superpłynny ośrodek (analogowy ^{3}He-B) i wyjaśnienie mechanizmu powstawania ciemnej materii i materii barycznej [4]. Miała jednak szereg zalet w stosunku do modelu zaproponowanego przez naukowców z Uniwersytetu Oksfordzkiego w 2018 roku:

-16-

Po pierwsze, ciemna energia i ciemna materia przedstawiane są jako dwie fazy superpłynnego, niebarionowego medium. Stany fazowe charakteryzujące ciemną energię i ciemną materię są uważane w modelu za analogiczne do dwóch faz w ^{3}He-B: nadprzewodnikowej α-fazy i spontanicznie ferromagnetycznej β-fazy. Podstawowa różnica między nimi polega na tym, że ciemna materia przyciąga, posiada grawitację, podczas gdy ciemna energia jest w pewnym sensie właściwa dla antygrawitacji.

Po drugie, podane jest fizyczne uzasadnienie terminu używanego w modelu naukowców na Uniwersytecie Oksfordzkim "tensor tworzenia", który pozwala regulować tworzenie się negatywnych i pozytywnych mas we Wszechświecie.

Ciemna energia jest niewidzialnym środowiskiem kosmicznym, którego fizyczna natura i mikroskopijna struktura jest nieznana. Jednak ciemna energia jako makroskopijne medium ma wiele szczególnych właściwości właściwych tylko jemu:

1) jego gęstość jest dodatnia, a ciśnienie jest ujemne i równe gęstości energii w wartości bezwzględnej;

2) nie tworzy grawitacji, lecz antygrawitację, ponieważ jej efektywna gęstość grawitacyjna jest ujemna.

Prawdopodobnie, w wyniku tych szczególnych właściwości ciemnej energii w obserwowalnym wszechświecie siła odpychająca przewyższa siłę grawitacji. Wniosek ten został wyciągnięty na podstawie obserwacji astronomicznych przeprowadzonych przez zespół naukowców z Habble Space Telescope (HST). Ustanowili przyspieszone kosmologiczne usuwanie galaktyk.

Autor lokalnej teorii ekspansji Wszechświata A.D. Chernin znajduje swoją niszę w globalnej teorii kosmologicznej A. Einsteina. Pisze on: "Zjawisko antygrawitacji kosmicznej jest dobrze opisane przez ogólną względność A. Einsteina" [5].

Antygrawitacja Einsteina jest zgodna z liniową zależnością siły od odległości:

$$F_e = (c^2/3)\,\Lambda R\,, \qquad (1)$$

gdzie Lukrecja jest kosmologiczną stałą Einsteina.

Gęstość ciemnej energii ρv wyrażana jest w postaci kosmologicznych stałych Λ i grawitacyjnych G:

$$\rho v = c^2\Lambda/(8\pi G) \qquad (2)$$

Kosmologiczna gęstość ciemnej energii jest teraz mierzona z dokładnością do kilku procent.

$$\rho v = (0{,}721 \pm 0{,}025) - 10^{-29}\ g/cm^3$$

Interpretacja stałej kosmologicznej w duchu pojęcia ośrodka antygrawitacyjnego o stałej gęstości została wykorzystana jako podstawa dla standardowego modelu kosmologicznego ΛCDM (Λ- Cold Dark Matter). W artykule [4], na podstawie rozwoju teorii płynnych mediów, proponuje się poszerzenie ram modelu standardowego i fizyczne wyjaśnienie stałej kosmologicznej na podstawie cech strukturalnych i właściwości sprężystych ciemnej energii. Profesor L. B. Boldyreva znacznie rozszerzył analogie pomiędzy właściwościami nadpłynnej ^3He-B i ciemnej energii głównie poprzez uwzględnienie właściwości wirów: spinowej i elektrycznej polaryzacji ośrodka w wirach, inercyjnych właściwości wirów oraz nadpłynnych prądów spinowych pomiędzy nimi [6].

Analogia pomiędzy zbędnym płynem ^{3}He-B i ciemną energią pozwala wyjaśnić naturę antygrawitacji i ujemnej masy inercyjnej. Ruch względny cząstek tworzących parę Coopera w superpłynu ^{3}He-B odpowiada p-stanowi. W tym stanie, siły przyciągające działają pomiędzy cząsteczkami tego samego znaku o spinach zorientowanych w jednym kierunku, a siły odpychające działają pomiędzy elektrycznie przeciwstawnie naładowanymi cząsteczkami o spinach zorientowanych również w tym samym kierunku. Rezultatem działania tych sił jest wystąpienie elektrycznego momentu dipolowego rdzenia wiru. Ponieważ rdzenie superpłynu ^{3}He-B są dipolami elektrycznymi, istnieje elektryczna polaryzacja medium. Poza tym, w superpłynu ^{3}He-B, namagnesowanie rdzeni wiru odbywa się wzdłuż osi wiru, to znaczy, że w rdzeniu wiru występuje polaryzacja spinowa cieczy superpłynu. Zjawisko to wskazuje, że efekt Barnetta działa w nadpłynnym ^{3}He-B (moment pędu sparowanych atomów ^{3}He-B, tworzących wir, jest przekazywany do wirów tych atomów). Proces ten jest szczególnie istotny w rdzeniu wiru. Istnienie efektu Barnetta w nadpłynnym płynie ^{3}He-B jest potwierdzone doświadczalnie: wiry o przeciwstawnie skierowanych spinach stanowiących ich atomy charakteryzują się przeciwstawnym kierunkiem krążenia wektora prędkości cieczy. Analogicznie, ma miejsce polaryzacja spinowa i w rdzeniu wiru mikrocząstek ciemnej energii, czyli orientacja spinów mikrocząstek w jednym kierunku. Oznacza to, że pary mikrocząsteczek, które składają się na superpłynną ^{3}He-B i ciemną energię, są "rozciągnięte" wzdłuż pola elektrycznego. W ten sposób superpłynna ^{3}He-B i ciemna energia w wirującym regionie w rdzeniu wiru może charakteryzować się stanem "rozciągającym się dookoła". W ramach modelu hydrodynamicznego wpływ płynu nadmiarowego na rdzeń wiru może być opisany matematycznie poprzez wprowadzenie ciśnienia P na granicy rdzenia wiru. Oznaka nacisku

zależy od charakteru naprężeń wewnętrznych w medium. Jeżeli napięcie wewnętrzne ma charakter "skręceń całkowitych", ciśnienie będzie ujemne. Jest to równoważne zachowanie systemu z "masą ujemną" [7]. Wszystkie te cechy dynamiczne będą miały znak przeciwny do tego, jaki miałyby dla zwykłego idealnego nieściśliwego płynu o tych samych właściwościach kinematycznych. Ponadto, niestabilność próżni fizycznej (ciemna energia i ciemna materia) w zewnętrznych polach jest zjawiskiem czysto kwantowym. W elektrodynamice kwantowej (QED) zjawisko to charakteryzuje się wytwarzaniem par elektron ± pozyton w próżni fizycznej (ciemna energia i ciemna materia) o niezerowej masie spoczynkowej [8]. Pozwala nam to uznać gęstość ciemnej energii za pozytywną. Tak więc zaproponowany powyżej model (analogicznie do nadprzewodnikowej α-fazy ^{3}He-B.) odpowiada powyższym właściwościom ciemnej energii.

Ciemna materia zachowuje się zupełnie inaczej. Akademicki W.A. Rubakow twierdzi: "Są to zwykłe cząstki w płaszczyźnie grawitacyjnej, które gromadzą się w zakrzepach, a następnie przyciągają zwykłą materię do tworzenia galaktyk". Oczywiście, nowe cząstki neutralne w odniesieniu do oddziaływań elektromagnetycznych. Więc nie świecą i nie pochłaniają światła" [1]. W literaturze zaproponowano kilka możliwych mechanizmów generowania ciemnej materii i asymetrii barionów, prowadzących do wyrównania gęstości energetycznej (masy) barionów i cząstek ciemnej materii ($\rho b,_0$ ~ $\rho dm,_0$), jednak nie ma na to naturalnego wytłumaczenia. [9]. W artykule proponuję "naturalny" mechanizm generowania ciemnej materii i materii barycznej na podstawie głębokich analogii z zachowaniem się płynnego medium ^{3}He-B. Eksperymenty z rezonansem magnetycznym wykazały, że w przypadku superpłynu ^{3}He-B ma wpływ Einsteina - de Haasa: ta objętość cieczy rotacyjnej podczas magnesowania. Ponieważ namagnesowanie atomów ^{3}oznacza ich spinową polaryzację, wówczas efekt Einsteina-de Haasa to obrót objętości cieczy w dS/dt ≠0, gdzie S jest całkowitym obrotem objętości wydobytego płynu. Można założyć, że wiele zjawisk fizycznych polaryzacyjnych w materii barycznej i ciemnej energii musi mieć tę samą naturę i przebiegać identycznie. Rozważmy eksperyment Einsteina-de Haasa, w którym wykazano obrót atomów ^{3}He umieszczony w stałym polu magnetycznym. Tradycyjna mechanika mediów ciągłych, postulująca symetryczny tensor naprężeń, ma zastosowanie tylko do procesów bez wewnętrznego rozkładu momentów, gdy równania momentów są spełnione w identyczny sposób. Jednocześnie w ośrodku polaryzacyjnym, pod wpływem działania pola magnetycznego, mogą powstać momenty wewnętrzne, które tworzą naprężenia styczne z asymetrycznym tensorem. Efekt ten jest wyjaśniony w ten sposób, że wiry atomów początkowo zorientowane arbitralnie pod działaniem pola magnetycznego uzyskują dominującą orientację w kierunku tego pola. Jeśli w stanie początkowym, całkowity kątowy

pęd wszystkich obrotów wynosi zero, następnie w polu magnetycznym nabiera on określonej wartości. Przez twierdzenie o pędzie kątowym, będzie to prowadzić do rotacji atomów ^{3}He w kierunku przeciwnym do obrotów. Ponadto, wewnętrzny moment obrotowy przęseł powoduje naprężenie styczne, co prowadzi do odkształcenia skręcającego dużych domen. Wahania najpierw zostały zlokalizowane w niewielkiej części systemu, a następnie rozprzestrzeniły się i doprowadziły do nowego stanu makroskopowego. Doświadczenie Einsteina-de Haasa jasno pokazuje, jak procesy mikroskopijne, badane tylko przez mechanikę kwantową, przejawiają się w procesach makroskopijnych. Tworzenie się znacznych mas w wirach ciemnej energii, znacznie większych niż masa ośrodka, wyjaśnia mechanizm przejścia fazowego ciemnej energii w ciemną materię. Ciemna materia gromadzi się w pęczki, jest przyciągana do galaktyk i tworzy wokół nich aureole, które rozciągają się na kilka promieni galaktyk. Te aureole przewidują obserwowany rozkład ciemnej materii w galaktykach i pochodzą z obserwacji prowadzonych przy użyciu nowoczesnych teleskopów radiowych. Większość galaktyk obraca się tak szybko, że powinny się rozpadać, ale niewidzialna "aureola" ciemnej materii powinna je trzymać razem. Tak więc, ciemna materia może być uważana za analog spontanicznie ferromagnetycznej β-fazy superpłynu ^{3}He-B. Autor lokalnej teorii ekspansji Wszechświata, profesor Moskiewskiego Uniwersytetu Państwowego A. Czernin, twierdzi, że w przestrzeni międzygalaktycznej, gdzie nie ma grawitacyjnej masy i pola magnetycznego dużych formacji kosmicznych (galaktyk) działających na ciemną energię, nie istnieje ani ciemna materia, ani materia barionowa, lecz jedna ciemna energia [5]. Jeśli (RZG) jest równy promieniowi zerowej grawitacji, tj. przestrzeni, gdzie siły grawitacyjne i odpychające są równe, a następnie dla R <(RZG) przeważa grawitacja, z R> (RZG) - Odpychanie. W pracy A.Chernin [5] obliczono wartość promienia wokół grupy lokalnej (RZG) - grawitacyjnie związany system quasi-stacjonarny o masie całkowitej M = (2 - 3) x 10^{12} Mʘ. Masa ta stanowi "normalną" (barionową) materię gwiazd i ośrodka międzygwiezdnego oraz ciemną materię, której jest około pięć razy więcej. Wartość (RZG) = 1,3-1,4Mpk. [5]. Jeśli założymy, że objętość przestrzeni zajmowanej przez ciemną materię w grupie lokalnej jest również pięć razy większa niż objętość konwencjonalnej substancji barionowej, wówczas gęstość energetyczna (masa) barionów i cząstek ciemnej materii będzie porównywalna, tzn. spełniona zostanie następująca zależność:

$$\rho b,_{0} \sim \rho dm,_{0} \qquad (3)$$

To ma tylko oznaczać wartości. W rzeczywistości, cząsteczki ciemnej materii nie są równomiernie rozmieszczone w lokalnej grupie. Ze względu na to, że ciemna materia ma właściwości grawitacyjne, gęstość jej cząstek w sąsiedztwie gwiazd i planet będzie większa. W zależności od interakcji energetycznej składników rozróżnia się zimną i gorącą ciemną materię. Obecnie Kosmiczny Teleskop Europejskiego Obszaru Kosmicznego

Agencja Gaia monitoruje aktywny przepływ gwiezdny S1, poruszający się z prędkością 310 m/s w stosunku do układu słonecznego. Autor badania, Pierre Sakivi, sugeruje identyfikację mięczaków, kandydatów do roli głównego składnika zimnej ciemnej materii i nowej siły oddziaływania (piątej siły), która wprawia w ruch przepływy gwiezdne. Analiza danych doświadczalnych związanych z badaniem anizotropii przestrzeni fizycznej pozwala na przyjęcie założenia o istnieniu piątego oddziaływania (piątej siły) [10]. Jonathan Feng, profesor fizyki i astronomii na Uniwersytecie Kalifornijskim w Irvine, w komunikacie prasowym w 2017 roku powiedział: "Od dziesięcioleci znamy cztery podstawowe siły: grawitację, elektromagnetyzm oraz silne i słabe siły atomowe". Odkrycie ewentualnej piątej siły całkowicie zmieniłoby nasze rozumienie wszechświata, co miałoby konsekwencje dla zjednoczenia sił i ciemnej materii. Rozdzielając ciemny foton, fizycy pozycjonują "fotofobiczny bozon X". Inne znane siły przed nim działały tylko na elektrony i protony. Ta nowa siła oddziaływuje z elektronami i neutronami w bardzo ograniczonym zakresie. Naukowcy twierdzą, że nie ma innego bozonu o takich samych cechach - stąd nazwa "bozon X". Bozon X ciemnej materii pozwala wyjaśnić szereg eksperymentów, w których obserwowany jest anomalny moment magnetyczny mionu.

Obecność dodatkowych grawitujących mas ciemnej materii w przestrzeni blisko-ziemskiej została odkryta podczas eksperymentów ze sztucznymi satelitami Ziemi wyposażonymi w magnetometry. Wewnątrz kondensatora cylindrycznego, gdy porusza się on względem ciemnej materii, powstaje pole magnetyczne, uwięzione przez czuły magnetometr. Za pomocą magnetometrów można było wykryć w bliskim sąsiedztwie Ziemi ruchome formacje wirowe ciemnej materii - błystki. Na podstawie natężenia pola magnetycznego określono prędkość ruchu satelity względem ciemnej materii. Stwierdzono, że gęstość ciemnej materii w środowisku zbliżonym do ziemskiego zależy od pola grawitacyjnego (potencjał V), w którym znajduje się satelita. Udowodniły to eksperymenty przeprowadzone w Wojskowej Inżynieryjnej Akademii Kosmicznej A. F. Mozhayskogo z zegarami i magnetometrami zamontowanymi na sztucznych satelitach Ziemi. Prace zostały przeprowadzone w latach 90. XX wieku pod nadzorem zastępcy kierownika akademii ds. pracy naukowej profesora generalnego W.F. Fateeva i pułkownika W.L. Grosheva. Teoria problemu środowiska bliskiego Ziemi i eksperymentów na satelitach jest najpełniej wyjaśniona w pracach W.L. Groszewskiego [11]. Pracownik Massachusetts Institute of Technology Y. Galaktionov był w stanie wykryć obecność pików energii (maksimum rezonansowe) w całkowitym spektrum elektronów i pozytonów o zewnętrznej energii promieniowania Wp ≈ 20-30 GeV [12, Rys. 16, 21, 22]. Może to wskazywać na generowanie wtórnych par elektronowo-pozytonowych w przestrzeni bliskiej Ziemi, w wyniku rozpadu niestabilnych cząstek ciemnej materii. Jednym z najważniejszych celów programu badawczego fizyki AMS-02 było wykrycie ciemnej materii w ośrodku bliskim Ziemi w jej przejawach niegrawitacyjnych [13].

Podobny efekt powinien być również obserwowany, gdy wiry dipolowe ciemnej energii uderzają w pola magnetyczne galaktyk. Powstałe w ten sposób duże domeny mają wystarczającą masę dla grawitacji i służą jako elementy konstrukcyjne, które tworzą ciemną materię. Ciemna energia i ciemna materia tworzą ośrodek galaktyczny i międzygalaktyczny, stanowiący 95% średniej gęstości materii we wszechświecie. Środowisko to nie emituje, nie pochłania ani nie odbija światła, co jest zrozumiałe, jeśli przyjmiemy, że jest ono nośnikiem światła. Kluczowym rozróżnieniem ciemnej energii ciemnej materii jest to, że ciemna materia przyciąga, posiada grawitację, podczas gdy ciemna energia, w pewnym sensie wrodzona antygrawitacja. Powoduje to gwałtowny rozwój wszechświata. Jednak w polu galaktyk, gdzie duże masy grawitującej materii przewracają się przez procesy wirowe, którym towarzyszą wirujące mikrocząstki precesyjne w domenie wirowej ciemnej energii, generują znaczącą gęstość energetyczną (masę) barionów i cząstek ciemnej materii i spełniona jest następująca zależność $\rho b,_0 \sim \rho dm,_0$ [9]. W Modelu Standardowym wszystkie cząstki elementarne oddziałujące z polem Higgsa nabierają masy, ale bozon Higgsa z tego uniwersalnego mechanizmu wypada! Ta dwuznaczność jest fundamentalna i niesie ze sobą niezwykle poważne konsekwencje dla SM [14]. W standardowym modelu (SM) brakuje nawet teoretycznie udowodnionej masy algorytmu obliczeniowego dla cząstek elementarnych. SM zawiera od 20 do 60 dowolnie regulowanych parametrów (istnieją różne wersje SM) do obliczania masy cząstek. Wszystko to mocno przypomina sytuację z Ptolemaickimi modelami Układu Słonecznego przed pojawieniem się praw Keplera i mechaniki Newtona. Profesor Leo Sapogin zaproponował inny uniwersalny mechanizm pozwalający bozonowi Higgsa uzyskać masę podobną do wszystkich innych cząstek elementarnych. Unitarna Teoria Kwantowa Leo Sapogina (UQT) opisuje cząstki elementarne jako pakiety fal cząstkowych z liniowym rozproszeniem [15, 16]. Najważniejszym rezultatem nowego jednolitego podejścia do teorii kwantowej jest pojawienie się ogólnej podstawy terenowej dla całej nauki fizycznej, ponieważ operacyjny opis zjawisk fizycznych właściwy dla standardowej relatywistycznej teorii kwantowej jest tak całkowicie niezadowalający. Fizyczne znaczenie wzrostu masy cząstek elementarnych jest to po zewnętrznym wpływie na próżni kwantowej (ciemna energia), która reprezentuje globalne pole superpozycji oscylatorów z kontinuum częstotliwości , pakiet fali powstaje w nim, oscylując jak membrana lub ciąg z częstotliwością $\omega_S = \frac{mc^2}{\hbar\gamma}$, $\gamma=\sqrt{1-v^2/c^2}$. Częstotliwość ω_S z tych wolnych

-22-

oscylacje są bardzo wysokie: są one proporcjonalne do energii resztkowej cząstki i są równe częstotliwości tzw. drżenia Schrödingera ("zitter-bewegung") [13]. Obliczenia pokazują, że długość fali w kopercie jest dokładnie równa długości fali de Brogliego, a zależność tej długości od prędkości pakietu jest taka sama! Wewnątrz ruchu pojawiają się wibracje de Broglie z częstotliwością $\omega_B = \frac{mv^2}{\hbar\gamma}$ z powodu rozproszenia. Przy małych energiach $\omega_S >> \omega_B$ a obecność szybkich własnych oscylacji nie ma wpływu na wszystkie zjawiska kwantowe wynikające z oscylacji de Brogliego. W przypadku, gdy $v \to c$, częstotliwość $\omega_B \to \omega_S$ (rezonans częstotliwościowy ω_r), wzrost energii i zjawisko rezonansu wydaje się powodować wzrost amplitudy oscylującej i wzrost masy- m_r :

$$m_r = \hbar\, \omega_r / c^2 \qquad (4\ )$$

gdzie m_r jest masą kwantowego obiektu,

ω_r jest częstotliwością funkcji falowej obiektu kwantowego,

c jest prędkością światła c = 299792458 m/s

$\hbar = h / (2\pi)$, $\hbar = 1{,}0546 \cdot 10^{-34}$ J / Hz, h jest stałą Plancka, $h = 6{,}6260 \cdot 10^{-34}$ J / Hz

Cząstka uzyska zupełnie nową obwiednię niskich częstotliwości o długości fali $\lambda_r = \frac{h}{mc\gamma}$ [14].

Według danych AMC-2, Yu. V.Galaktionov zidentyfikował dwa szczyty w spektrum energetycznym elektronów wtórnych i pozytonów przy zewnętrznych energiach promieniowania $W_r \approx 20$ - 30 GeV [12]. Można argumentować, że przy tych energiach obserwuje się niestabilność próżni kwantowej, której towarzyszy produkcja par elektron-pozyton. W elektrodynamice kwantowej (QED) proces ten nazywany jest polaryzacją próżniową [6].

Podejście makroskopowe, hydrodynamiczne zachowanie dodanej masy ciał sferycznych dowolnej natury (w tym klastrów naładowanych) w superpłynnej ^{3}He-B (odpowiednik ciemnej materii) jest podstawowym źródłem pracy Stokes. Jest to złożona siła F (ω), wywierana przez płyn na sferę o promieniu R, wykonuj okresowe oscylacje z częstotliwością ω. W obrębie niskich numerów Reynoldsa mamy [17]:

$$F(\omega)= 6\pi\eta R\ [1+R/\delta(\omega)]V(\omega) +3\pi R^2\sqrt{2\eta\rho/\omega}\ [1+2R/9\delta(\omega)]\ i\omega V(\omega), \quad (5)$$

$$\delta\ (\omega) = (2\eta/\rho\omega)^{1/2}$$

-23-

gdzie ρ - gęstość cieczy, η - lepkość, V - sfera amplitudy prędkości, δ (ω) - tzw. lepka głębokość penetracji, która wzrasta wraz ze wzrostem lepkości i spadkiem częstotliwości drgań. Rzeczywistą częścią wyrażenia (5) jest znana siła Stokesa wynikająca z ruchu płynu w kuli. Składnik wyobrażeniowy (współczynnik iωV) jest naturalnie identyfikowany z efektywną masą dodanego klastra:

$$Meff\ (\omega R)=2\pi\rho R^3/3\ [1+9/2\ \delta(\omega)/R] \quad (6)$$

Pochodzenie dodane (dołączone) masy Meffa (ωR), w zależności od częstotliwości ω i promienia R kuli klastra związanego z wzbudzeniem pola wokół poruszającego się klastra o prędkości hydrodynamicznej υ_i (r) oraz pojawieniem się w związku z tą dodatkową energią kinetyczną. W nadpłynnej masie dodatkowej znajdują się dwa składniki: nadpłynny i normalny [17].

Inny mechanizm generowania masy cząstek elementarnych został zaproponowany przez profesora Yu. A.Baurov w nowej teorii Bajonu (TB) [18]. Podstawowym obiektem do tworzenia się mas leptonów w gruźlicy jest obiekt 4B, który powstaje w procesie minimalizacji energii potencjalnej bionu. Większa część energii potencjalnej przechodzi w energię rotacji (wirowania) cząstek elementarnych. Pozostała część jest traktowana jako masa cząsteczek. Dla elektronu, minimalna rezydualna energia potencjału E=33eV. Wewnątrz TB, przestrzeń fizyczna bez cząstek, z materii barionowej, jest kwantowym medium utworzonym z bionów 4B o przedziale niepewności Heisenberga. Rozmycie obiektów 4B we Wszechświecie tworzy obserwowaną gęstość materii we Wszechświecie $\rho_v = (0{,}721 \pm 0{,}025) - 10^{-29}$ g - cm^{-3} (ciemna energia i ciemna materia) i łączy wszystkie obiekty Wszechświata w jedno pole informacyjne [18].

W rozszerzającym się niestabilnym Wszechświecie "ujemna" masa inercyjna (ciemna energia) przeważa nad dodatnią masą grawitacyjną (ciemna i barionowa materia), co wskazuje na naruszenie zasady równoważności masy, która jest wskaźnikiem układu stacjonarnego [19].

Po drugie, podane jest fizyczne uzasadnienie terminu używanego w modelu naukowców na Uniwersytecie Oksfordzkim "tensor tworzenia", który pozwala regulować tworzenie się negatywnych i pozytywnych mas we Wszechświecie.

Ogólna teoria względności Einsteina nie jest w stanie wyjaśnić nieodwracalnych procesów produkcji we Wszechświecie ciemnej energii i cząstek barionowych. I.R. Prigogine, laureat Nagrody Nobla, zastanawiał się: "Czy Wszechświat jest systemem zamkniętym pod względem termodynamiki?" Odpowiadając na to pytanie, I. Prigogine przyszedł do

-24-

wniosek, że postulat braku wymiany ciepła pomiędzy środowiskiem a elementem objętościowym (proces adiabatyczny ewolucji kosmologicznej dQ = 0) jest błędny [20]. Wszechświat Einsteina jest zamkniętym wszechświatem o stałej entropii, ponieważ w takim wszechświecie nie ma nieodwracalnych procesów. Aby opisać narodziny materii w ogólnej względności Einsteina należy wziąć pod uwagę zmiany w gęstości materii wynikające z produkcji cząstek. Prowadzi to do zaburzeń symetrii czasowej. Prigogine zaproponowała dodanie liczby zmiennych zawartych w modelu standardowym (ciśnienie P, masa-gęstość energetyczna σ i promień wszechświata R (t)) dodatkowej zmiennej n - gęstości cząstek i dodatkowego równania, które wiązałoby funkcję Hubble'a z promieniem wszechświata R (t) i narodzinami cząstek n.

W przypadku wszechświata, składającego się z cząstek o tym samym typie masy M, kiedy gęstość masy-energii jest po prostu równa σ, a ciśnienie P - zanika, Prigogine oferuje proste równanie, które uwzględnia tworzenie się cząstek:

$$\alpha H^2 = \frac{1}{R^2}\frac{\partial nR^3}{\partial t} \qquad (7)$$

gdzie α - stała kinetyczna równa zeru lub dodatnia.

W tym równaniu (7), wartości α i H są dodatnie, ponieważ mówimy tylko o narodzinach (a nie o zniszczeniu) cząstek. W przestrzeni Minkowskiego, gdzie H = 0, produkcja cząstek nie może być (równanie $H\psi = 0$ jest często nazywane równaniem Wheeler - DeWitt). Ponadto, we Wszechświecie Einsteina całkowita liczba nR^3 stała niezależnie od wartości H, α = 0 [20]. Biorąc pod uwagę, jak narodziny cząstek prowadzą do modyfikacji równań GTR Einsteina w zakresie pierwszego i drugiego prawa termodynamiki, mamy produkcję entropii proporcjonalną do tempa produkcji cząstek. We współczesnej fizyce powszechnie przyjmuje się, że funkcja strukturalna cząstek (a nawet funkcja falowa wszechświata w równaniu Schrödingera) może być reprezentowana albo jako funkcja czasu (reprezentacja czasowa), albo jako funkcja amplitudy składowych harmonicznych częstotliwości (reprezentacja spektralna). Reprezentacje te są jednak równoważne tylko dla procesów niezmiennych, gdy czas jest jednoznacznie związany z ruchem cyklicznym. Przy opisywaniu niezmiennych, nieodwracalnych procesów, które wykraczają poza horyzont czasowy i są związane z narodzinami lub zanikiem cząstek, zastosowanie reprezentacji czasowej byłoby błędem. W tym przypadku odpowiedni opis procesów daje jedynie reprezentację spektralną [15]. Dwoistość tego czasu odnotowała I. Prigozhin. Napisał on: "Musimy wyjść poza pojęcie czasu jako parametru opisującego ruch poszczególnych systemów. W oscylatorach harmonicznych (klasycznych i

kwantowy), czas jest jednoznacznie związany z prawami ruchu, podczas gdy w systemach nieintegracyjnych odgrywa on podwójną rolę. Jeżeli zrównoważone systemy kojarzone są z pojęciem deterministycznego czasu symetrycznego, to niestabilne systemy chaotyczne kojarzone są z pojęciem czasu probabilistycznego". [20]. Einstein porównał swoje równania z budynkiem, którego jedno skrzydło było zbudowane z cennego marmuru, a drugie z taniego drewna. Rzeczywiście, forma tensora matematycznego była wynikiem subtelnych rozważań geometrycznych, natomiast tensor naprężeniowy, który określa "źródło" krzywizny czasoprzestrzeni, jest opisany w kategoriach makroskopowych pojęć ciśnienia i gęstości energii. Dodatkowo, aby uzyskać fizyczne znaczenie naprężenia tensora, konieczne jest wprowadzenie dodatkowego stanu granicznego. Warunek ten wymaga, aby w granicy słabych pól grawitacyjnych równanie Einsteina zostało zredukowane do równania Newtona [21]. Ograniczeniem możliwości zastosowania równań Einsteina do odpowiedniego opisu rzeczywistości fizycznej jest wymóg stacjonarnego stanu Wszechświata. Jest to drugi stan graniczny, aby naprężenie tensora miało znaczenie fizyczne. Ograniczenia Ogólnej Teorii Względności nie dają naukowcom prawa do wpędzania fizycznej rzeczywistości do prokrustowego złoża niezmiennych, symetrycznych rozwiązań Einsteina. [22]. Ale nawet 23 lata przed ogólną względnością Einsteina, Heaviside zaproponował liniowe równania grawitacji, jak równania Maxwella. Równania te dobrze zgadzają się z wieloma prawami i zasadami fizyki i związane są z nieograniczonym, otwartym wszechświatem. Prowadzi to do tego, że w teorii Heaviside, podobnie jak w teorii newtonowskiej, istnieje problem dywergencji potencjału grawitacyjnego, czyli problem paradoksu grawitacyjnego w nieskończonej przestrzeni wypełnionej materią. Ya.B. Zeldovich nazwał twierdzenia Landaua i Lifshitza o trudnościach teorii newtonowskiej związanej z rozbieżnością potencjału grawitacyjnego w nieskończonej przestrzeni wszechświata niewystarczająco poprawną, ponieważ potencjał φ i wektor grad pola grawitacyjnego

φ są wielkościami nie do zaobserwowania [23]. Obserwowane wartości są drugą pochodną potencjału φ (φíκ = $d^2\varphi$ / dxí - dxκ), od której zależy względne przyspieszenie sąsiednich cząstek. Równania mechaniki i równanie Poissona ($\Delta\varphi = 4\pi G\rho$) nie wystarczą do rozwiązania problemu kosmologicznego. Zeldowicz nazwał grawitacyjny paradoks arbitralność wyboru φ κ w teorii newtonowskiej [23]. Trudność ta pojawia się jednak, gdy zakłada się istnienie substancji o dodatniej masie grawitacyjnej. Jeśli wyjdziemy z założenia, że we Wszechświecie istnieją pozytywne i negatywne masy, to w teorii grawitacji Heaviside'a i zastrzeżenia Newtona związane z paradoksem grawitacyjnym zostaną natychmiast usunięte. To niebarionowe medium utrzymuje stałą gęstość kosmologiczną ρ, synchronizując procesy przyspieszonej ekspansji Wszechświata i

-26-

narodziny materii. Jest to regulator równowagi Wszechświata, który jest modelem naukowców na Uniwersytecie Oksfordzkim nazywany jest w przenośni "tensorem tworzenia" i który pozwala na ciągłe tworzenie mas negatywnych i pozytywnych.

2.2 Wartości liczbowe parametrów fizycznych charakteryzujących makroskopową strukturę obiektów kwantowych o średniej ciemnej energii

W odniesieniu do makroskopowych parametrów środowiska przestrzeni można stwierdzić, co następuje:

Kosmologiczna gęstość ciemnej energii jest obecnie mierzona z dokładnością do kilku procent $\rho_v = (0{,}721 \pm 0{,}025) - 10^{-29}$ g / cm³ lub $\rho_v = (0{,}721 \pm 0{,}025) - 10^{-32}$ kg / m [24].

Stała grawitacyjna $G = 6{,}6720 - 10^{-11}$ N - m² / kg²

Wartość stałej kosmologicznej Lukrecji i podciśnienia P znajdujemy na podstawie reprezentacji o środowisku antygrawitacyjnym o stałej gęstości, określonej w standardowej kosmologicznej

Model ΛCDM, z następujących relacji: [5]

$$\rho_v = c^2\Lambda/(8\pi G) \quad \Lambda = (8\pi G\rho v)/c^2 \qquad (8)$$

$$Pv = -\rho_v c^2 \qquad (9)$$

Zastępując we wzorze (8) znaną gęstość $\rho_v = (0{,}721 \pm 0{,}025) - 10^{-32}$ kg / m3 i $G = 6{,}6720 - 10^{-11}$ N - m² / kg² znajdź stałą kosmologiczną Λ:

Wartość bezwzględna Λ $(c^2) = 1{,}17 - 10^{-41}$ N / (kg - m)

Zastępując do wzoru (9) znaną gęstość ρv odnajdujemy ciśnienie.

Ciśnienie jest ujemne, a gęstość energii równa wartości bezwzględnej [5] :

$Pv = -(0.721 \pm 0.025)\text{-}10^{-32}\ kg/m^2$

Podobne wyrażenie dla podciśnienia można uzyskać, rozważając analog ciemnej energii - nadmiar płynu ^3He-B.

W ramach modelu symulacyjnego stały ruch jest zbędnym płynem opisanym równaniem:

$$\rho_v u^2 / 2 + \rho_v \mu = const \qquad (10)$$

-27-

gdzie μ - potencjał chemiczny,

ρ_v - gęstość pożywki,

u - prędkość rozprzestrzeniania się cieczy [7].

W rdzeniu wiru nadprzewodzącego ^3He-B z powodu orientacji spinów atomów w jednym kierunku następuje przejście nadprzewodzącej α-fazy i samoistnie ferromagnetycznej β-fazy. W wyniku przejścia fazowego potencjał μ wewnątrz wiru nie jest [6]. W związku z tym działanie to można opisać analitycznie za pomocą ciśnienia P na granicy środowiska rdzenia wiru. Ciśnienie znakowe zależy od charakteru wewnętrznych naprężeń w środowisku. Jeżeli napięcie wewnętrzne ma charakter "zwichnięć całkowitych" [7], ciśnienie będzie ujemne. Można więc przyjąć, że ciśnienie P na granicy rdzenia wirowego dipola w ośrodku spełnia równanie:

$$\rho_v u^2 /2 - P = const. \qquad (11),$$

który jest identyczny z wyrażeniem (9), przyjętym w standardowym modelu dla ciemnej energii. Biorąc pod uwagę, że w hydrodynamice siła nacisku Fp jest integralną częścią:

$$Fp = - \int s'' Pnds, \qquad (12)$$

gdzie n - wodoszczelny zewnętrzny normalny do powierzchni S

ds - nieskończony element powierzchni

Za pomocą (10) dostaniemy:

$$Fp = - \frac{1}{2} \int s'' \rho_v u^2 nds \qquad (13)$$

Wszystkie te charakterystyki dynamiczne będą miały znak przeciwny do tego, jaki miałyby dla zwykłego idealnego nieściśliwego płynu o tych samych właściwościach kinematycznych [7]. Jest to równoważne zachowanie systemu z "masą ujemną". Wytrzymałość Fp - siła odpychająca działająca w środowisku kosmicznym (ciemna energia) pomiędzy elementami strukturalnymi środowiska (wiry dipolowe) dla u = c. Że ma ona działanie antygrawitacyjne i może powodować przyspieszoną ekspansję wszechświata.

3. Zasadniczo nowe silniki kosmiczne

3.1 Fizyczne zasady działania silnika mikrofalowego Rogera Shawyera EmDrive'a

Autorem pomysłu naporu kierowanego przez promieniowanie mikrofalowe jest uważany za brytyjskiego inżyniera Roger Schauer, który ponad 10 lat temu zaprojektował

-28-

liczba jednostek demonstracyjnych (pierwsza - w 2003 r.) W 2006 r. wprowadził silnik elektromagnetyczny EmDrive [25]. Jego urządzenie jest dosyć proste: magnetron generuje mikrofale, a energia jest magazynowana w miedzianym rezonatorze (patrz rys.1). Rezonator ma postać pojemnika o ściętym stożku i otwartej stronie przestrzeni. Generator mikrofalowy kieruje promieniowanie do wnęki, gdzie jest ono wielokrotnie odbijane od ścian wydrążonego naczynia, a dzięki działaniu ciśnienia promieniowania wytwarza większy ciąg od podstawy stożka. Z tym silnikiem nie wymaga tradycyjnych propelentów. Promieniowanie mikrofalowe jest generowane wyłącznie przez energię elektryczną, która zasila silnik EmDrive za pomocą paneli słonecznych. Do pracy silnika nie jest wymagane żadne paliwo ani masa robocza, będzie on pracował tak długo, jak długo elementy jego konstrukcji nie będą fizycznie nieczynne. Jednak środowisko naukowe przekonane o naruszeniu prawa o zachowaniu urządzenia rozpędowego i nie spieszy się z rozpoznaniem wyników, nazywając je "nienaukowymi". Najnowszy komunikat informacyjny na temat kompleksowego silnika testowego EmDrive "Pomiar ciągu impulsowego z zamkniętej jamy radiowej w próżni" został opublikowany w Journal of Propulsion and Power w 2016 roku [26]. Autorzy: Harold White, Paul March, James Lawrence, Jerry Vera, Andre Sylvester, David Brady i Paul Bailey (NASA Johnson Space Center, Houston, Texas 77058) podsumowali: "Próżnia kwantowa medium dynamicznego może być potencjalnie modelowana na poziomie mikroskopowym jako plazma elektronowo-pozytonowa. Jeśli próżnia jest rzeczywiście zmienna i ulega degradacji, jak został zbadany, to może być możliwe do wykonania /

wyciągnąć pracy na / z próżni, a tym samym być możliwe do odsunięcia próżni kwantowej i zachować prawa zachowania energii i zachowania pędu. Parametr wydajności 1,2 mN / kW EmDrive jest o ponad dwa rzędy wielkości większy niż inne formy napędu "zerowego paliwa", takie jak żagle świetlne, napęd laserowy i rakiety fotonowe.

-29-

Rys.1 Silnik mikrofalówki Roger Shawyer's EmDrive

Musimy ustalić charakter interakcji silnika Shawyera z otaczającym nas środowiskiem kosmicznym. Uderzającą cechą tego oddziaływania jest to, że mikrofalowe oscylacje generowane w rezonatorze same w sobie tworzą ośrodek referencyjny dla silnika z uzyskaniem rzeczywistej masy par elektron-pozyton. Fizyczne znaczenie tego niezwykle szybkiego procesu oscylacyjnego jest to po zewnętrznym wpływie na próżnię kwantową, która reprezentuje globalne pole superpozycji oscylatorów z kontinuum częstotliwości , pakiet falowy powstaje w nim, oscylując jak membrana lub ciąg o częstotliwości $\omega_S = \frac{mc^2}{\hbar\gamma}$, $\gamma=\sqrt{1- v^2 / c^2}$. Częstotliwość ω_S tych wolnych oscylacji jest bardzo wysoka. Długość fali w kopercie jest dokładnie równa długości fali de Broglie, z częstotliwością $\omega_B = \frac{mv^2}{\hbar\gamma}$ z powodu rozproszenia. Przy małych energiach $\omega_S >> \omega_B$ a obecność szybkich własnych oscylacji nie ma wpływu na wszystkie zjawiska kwantowe wynikające z oscylacji de Brogliego. W przypadku, gdy częstotliwość $\omega_B \rightarrow \omega_S$ (rezonans częstotliwościowy ω_r), pojawia się zjawisko wzrostu energii i rezonansu, które powoduje wzrost amplitudy oscylującej i wzrost masy (patrz wzory (4, 5, 6)) par elektron - pozyton [27]. Z teorii fal wynika, że energia każdej fali (w tym akustycznej i elektromagnetycznej) może być określona przez gęstość ośrodka wibracyjnego ρ, amplitudę fali Ak i jej częstotliwość ν [28]:

-30-

$Wk = \rho Ak^2 \nu^2/2$ (J/m³), (14)

Profesor V. A.Etkin proponuje określić siłę oddziaływania silnika mikrofalowego Shawyera ze środowiskiem kosmicznym (Fk) jako pochodną układu energetycznego we współrzędnej kosmicznej (wektor promieniowania r) [29]:

Fk = - (dWk/dr) (15)

W ten sposób para przeciwstawnych sił, których wielkość jest proporcjonalna do częstotliwości fal promieniowania, zapewnia wykonanie prawa zachowania pędu:

Pd + Pk = konst, (16)

gdzie Pd - impulsowa masa EmDrive m,

Pk - puls wzbudzenia wśród masy M.

Dr Chen Yue, dyrektor Commercial Satellite Technology for the China Academy of Space Technology (CAST) ogłosił 10 grudnia 2016 r., że Chiny nie tylko pomyślnie przetestowały technologię EmDrives w swoich laboratoriach, ale także na stacji kosmicznej Tiangong 2. W EmDrive, po raz pierwszy zaproponowanym przez Rogera Shawyera, wnęka mikrofalowa jest rezonatorem asymetrycznym, takim jak ścięty stożek, z jednym końcem znacznie większym od drugiego. Na węższym końcu, źródło energii elektromagnetycznej (np. magnetron) bombarduje jamę mikrofalami. Fale te są zamknięte i odbijają się od ścian jamy, tworząc rezonans elektromagnetyczny. 12 września 2017 roku chińscy naukowcy z państwowego kanału telewizyjnego CCTV-2 ogłosili stworzenie roboczej wersji silnika mikrofalowego EmDrive o sile ciągu 100 niutonów na kW. W najbliższej przyszłości Chiny zamierzają wprowadzić na orbitę nową, potężną wersję silnika EmDrive.

3.2 Antygrawitacyjny silnik kwantowy Leonowa

Kolejnym krokiem w doskonaleniu silnika Rogera Shawyera EmDrive'a był antygrawitacyjny silnik kwantowy V.S. Leonova. Przy masie około 50 kg, pionowy impuls naporu wytwarza siłę 500-700 kg (ponad 5000 niutonów), tworząc początkowe przyspieszenie pionowe ponad 10 g. Jednocześnie należy zauważyć, że silnik kwantowy pracuje na energii elektrycznej, nie zużywając paliwa chemicznego. Energia paliwa chemicznego podczas spalania na ogół oddaje ciepło i trafia do niepotrzebnego ogrzewania atmosfery i kosmosu. Silnik kwantowy nie emituje termicznych produktów spalania, a zużycie energii elektrycznej idzie jedynie w kierunku tworzenia mocy trakcyjnej, co zapewnia jego wyższą sprawność w porównaniu z

droga kołowania. To jest rewolucja w budowie silników kosmicznych. Ponadto, rozkład obciążeń dla urządzenia z silnikiem kwantowym w porównaniu z silnikami rakietowymi ma niezaprzeczalne zalety. Tak więc urządzenie z silnikiem kwantowym przenosi 90% obciążenia użytkowego na 10% masy silnika i źródła mocy. Pojazd startowy po wprowadzeniu na orbitę ma 5% ładowności, a reszta składa się z paliwa chemicznego i samego silnika rakietowego [30, 31].

3.3 Podstawowy element nowego pędnika instalacji napędowej statku kosmicznego Yu.Baurova

Yu. A. Baurov w artykule [32] przedstawił nowe oddziaływanie pozapomiarowe, nową siłę trakcyjną i nową zasadę ruchu.

Pokazano eksperymentalne badania nowych sił nieorganicznych dla wytworzenia siły pociągowej pędnika, która może być użyta dla statku kosmicznego. Fizyczna natura nowej siły jest wyjaśniona przez teorię bionu, niesymetryczną teorię tworzenia się przestrzeni fizycznej i świata ostatecznych cząstek z niektórych nieobserwowalnych obiektów zwanych "bionami". Przedstawiono również elementy budowy instalacji energetycznych statku kosmicznego. Siła trakcyjna jest równa około 19200N przy masie statku kosmicznego około 7000 kg. Wyniki obliczeń trajektorii lotu statku kosmicznego o kształcie dysku z wykorzystaniem energii bionowej pokazane są z powierzchni Ziemi. Za pomocą tego statku kosmicznego można latać na dowolną odległość do gwiazd. Podstawowy element nowego pędnika pokazano na rys. 2.

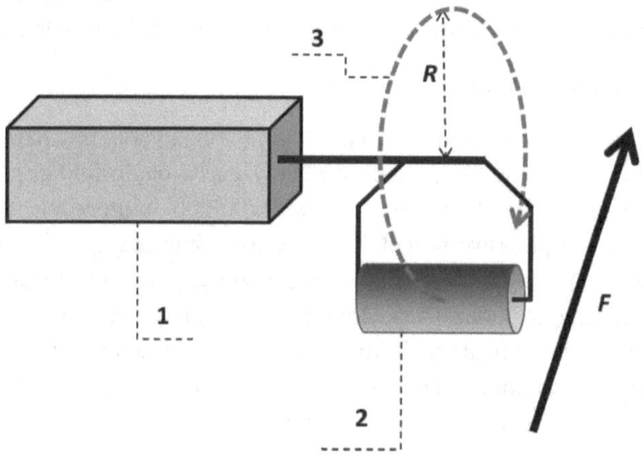

Rys.2 Schematyczny widok nowego podstawowego elementu steru strumieniowego

1 - elektromotor (tj. silnik krokowy lub serwomotor); 2 - pozaosiowe obciążenie żelazem;

-32-

3 - trajektoria obrotowa obciążenia, okresowo spoczywająca wzdłuż lub blisko pionu; R -

promień obrotu, nie mniejszy niż 5 cm; F - oczekiwany wektor działania nowej siły, wytwarzający cykliczne impulsy tuż przed każdym zatrzymaniem obciążenia, przeciwnie do kierunku ruchu samego obciążenia.

Eksperymenty Baurowa pokazują, że możemy przedstawić ekspresję wielkości siły pociągowej jak:

$$F = K(M/T) \quad (17),$$

gdzie K jest współczynnikiem kształtu obciążenia rotacyjnego; M jest masą obciążenia rotacyjnego;

T jest okresem rotacji obciążenia [33].

Wyrażenie to jest bardzo ważne i używane w przypadku zwykłych inżynierów pracujących w przemyśle kosmicznym. W [34] (patrz rys. 3, obrót przy osi pionowej) pokazano, że maksymalna wielkość siły pociągowej w jednym obrocie może wynosić około 300g, jeśli masa obciążenia rotacyjnego jest równa 718g, okres rotacji ≈ 0,6c, czas odpoczynku ≈ 0,1c (środkowa wielkość siły dla okresu ≈10g). Yu. A. Baurov w artykule [32] przedstawił budowę instalacji energetycznej statków kosmicznych wykorzystujących energię bionową. Statek kosmiczny jest obiektem o zastrzeżonym przeznaczeniu, stąd sumaryczny moment mechaniczny całej siły na pokładzie statku kosmicznego musi być równy zero. Rys. 3 pokazuje rozwiązanie tego problemu dla elementu instalacji elektrycznej statku kosmicznego.

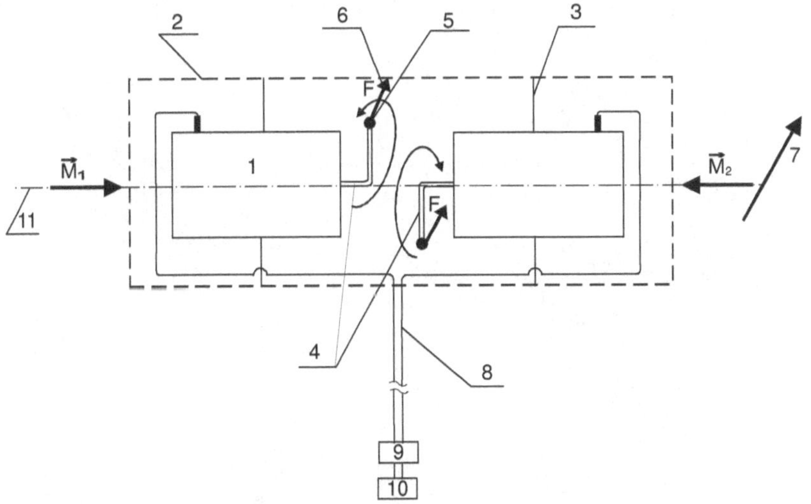

-33-

Rys.3 Elementy bloku elektroenergetycznego

1. Serwomotor, 2 - obudowa konstrukcyjna, 3 - element wzmacniający konstrukcję, 4 - uchwyt ładunku, 5 - obciążenie, 6 - kierunek siły pociągowej **F**, 7 - kierunek ruchu statku kosmicznego, 8 - przewody układu zasilania (9) i sterowania (10) serwomotorów, 11 - kierunki momentów mechanicznych serwomotorów **M1 i M2,** (M1 = M2).

Rysunek 4, pokazuje cały schemat konstrukcyjny instalacji elektrycznej statku kosmicznego o kształcie dysku [32] (3 - widok od góry) wykorzystującego energię bionową zawierającą generator elektryczny dostarczający energii elektrycznej dla podstawowych elementów nowych pędników. Oznaczenia (numery) elementów konstrukcyjnych są identyczne z rysunkami 3,4.

Instalacja energetyczna statków kosmicznych wykorzystująca energię bionową działa w następujący sposób. Energia elektryczna z akumulatora magazynującego doprowadzana jest do serwomotorów generatorów elektrycznych. Za pomocą cewek indukcyjnych generatora elektrycznego, instalacja zasilająca dynamo wytwarza energię elektryczną, która jest używana jako serwomotory instalacji zasilającej statku kosmicznego. Część energii elektrycznej zasila akumulator magazynujący, uzupełniając go. Zmiana pozostałych pozycji ładunku może uzyskać dowolne kierunki ruchu statku kosmicznego.

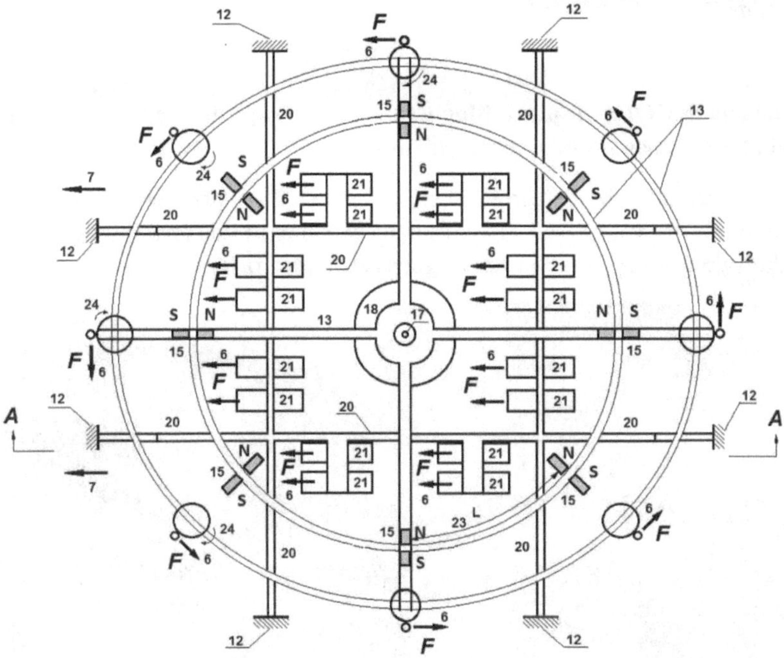

Rys.4. Schemat budowy instalacji elektrycznej (widok od góry).

1 - serwomotory, 4 - uchwyt ładunku, 5 - obciążenie, 6 - kierunek siły pociągowej F, 7 - kierunek ruchu statku kosmicznego, 11 - oś obrotu serwomotoru, 12 - rama statku kosmicznego, 13 - obręcz ramy generatora elektrycznego, 14 - oś generatora elektrycznego, 15 - magnesy, 16 - cewki indukcyjne generatora elektrycznego, 17 - oś obrotu obręczą generatora, 18 - dynamo, 19 - hamulec, 20 - rama urządzeń trakcyjnych, 21 - cylindry drążone do ustawiania bloków energetycznych z serwomotorami, 22 - oś cylindry drążone do ustawiania bloków energetycznych, 24 - kierunek obrotów obciążeń.

Yu. A. Baurov w artykule [32] pokazał wariant konstrukcji instalacji elektrycznej statku kosmicznego wykorzystującej energię bionową i nową zasadę ruchu statku kosmicznego (przestrzeń fizyczna (medium kwantowe) jako środowisko wspomagające ruch obiektu). Zastosowanie takich nowych statków kosmicznych pozwala na rozwiązanie wielu praktycznych problemów związanych z lotami kosmicznymi.

-35-

3.4 Instalacja SMOLA (Spiral Magnetic Open Trap) to nowa technologia tworzenia kosmicznego silnika termojądrowego.

Naukowcy z Instytutu Fizyki Jądrowej im. G. Budkera, RAS przetestowali instalację SMOLA (Spiral Magnetic Open Trap), za pomocą której można utrzymywać plazmę termojądrową w liniowych systemach magnetycznych (patrz Rys.5).

Rys.5 Instalacja SMOLA

Z jednej strony, nowa instalacja powinna pomóc w zrobieniu jeszcze jednego kroku w kierunku kontrolowanej syntezy termojądrowej (TNF), a z drugiej strony umożliwi przyspieszenie statku kosmicznego w celu zarejestrowania prędkości. Otwarte pułapki, którymi zajmuje się Instytut Fizyki Jądrowej, są wolne od wad zamkniętych pułapek plazmowych (tokamaków). Jest mało prawdopodobne, aby energia termojądrowa przyszłości była wytwarzana na podstawie tokamaka. Po pierwsze, kosztuje to zbyt wiele (szacunki dotyczące tokamaka ITER przekroczyły 15 mld euro), a czas budowy ciągle się opóźnia. A po drugie, w tokamaku można zapalić tylko plazmę, składającą się z mieszanki trytu i deuteru. Ale tryt sam w sobie jest radioaktywny, a proces reakcji wytwarza promieniowanie neutronowe. Tak więc taka elektrownia termojądrowa będzie powodowała prawie takie same problemy ekologiczne jak dzisiejsza elektrownia atomowa [35]. Otwarte pułapki są znacznie prostsze i tańsze, a także mogą generować czystą, pozbawioną neutronów reakcję termojonuklearną. Ale problem polega na tym, że są one otwarte, co oznacza, że plazma może ewentualnie wyciec z

-36-

oni. Instalacja SMOLA ma na celu rozwiązanie tego problemu. "Ideą było stworzenie pola magnetycznego w postaci śruby. Wyobraźmy sobie młynek do mięsa, który obraca mielone mięso. W naszym przypadku, że mięso mielone jest plazmą", - wyjaśnił starszy badacz Instytutu Anton Sudnikov. "Cząsteczki plazmy mają tendencję do wylewania się z młyna przez grill, ale jeśli obrócimy rączkę w przeciwnym kierunku, mięso będzie się przesuwać do tyłu - przeciwne impulsy kompensują się i plazma pozostaje na miejscu, czyli w pułapce". Zastępca dyrektora Instytutu Aleksander Iwanow przedstawił dodatkowe uwagi: "Zgodnie z teoretycznymi szacunkami, wzdłużne straty plazmy zmniejszą się 20-100 razy". Pozwoli to na znaczne podwyższenie temperatury osocza. Planuje się, że dwa zespoły SMOLA staną się częścią zaprojektowanej w Instytucie nowej gazowo-dynamicznej pułapki wielowirnikowej. Oczekuje się, że osiągnie ona parametry plazmy, które nie są gorsze od najlepszych tokamaków. To może być prawdziwy przełom. Poza tym, jeśli zaczniemy obracać rękojeścią młyna do mięsa w przeciwnym kierunku, wtedy cząsteczki plazmy nie będą zwalniane, a wręcz przeciwnie, będą wylecieć z przyspieszeniem". Aleksander Iwanow powiedział, że naukowcy osiągnęli temperaturę plazmy 100 000 stopni i osiągnęli wystarczającą gęstość. Te parametry są wystarczające do stworzenia silnika rakietowego. Dyrektor Instytutu, Pavel Logachev, powiedział: "Jeśli zaplanowane na niej eksperymenty zakończą się sukcesem, spodziewamy się z jednej strony nowych technologii w zakresie syntezy termojądrowej, a z drugiej strony obiecującego silnika plazmowego dla statków kosmicznych" [36, 37].

4. Wniosek

Podsumowując, można stwierdzić, że ani standardowy model kosmologiczny Lukrecji, ani standardowy model CM oddziaływania cząstek elementarnych nie są w stanie odpowiednio wyjaśnić nieodwracalnych procesów ewolucji Wszechświata, w których ciemna energia i ciemna materia uczestniczą we wszystkich oddziaływaniach. Powodem tego jest ogólna podstawa teoretyczna wybrana dla obu standardowych modeli. Naukowcy potrzebują nowej strategii, konieczne jest przekroczenie zakazów i dogmatów Einsteinowskiej Specjalnej i Ogólnej teorii względności oraz przestarzałej zasady "komplementarności" Bohra, zabraniającej nawet myślenia o wewnętrznej strukturze cząstki elementarnej. We wrześniu 2017 r., na 186. sesji Rady CERN-u, utworzono Sekretariat Europejskiej Grupy Strategicznej (ESG), nowego organu koordynującego przygotowanie zaktualizowanej strategii europejskiej. Głównym zadaniem Europejskiej Grupy Strategicznej jest opracowanie ostatecznego planu programu i przedłożenie go do rozpatrzenia przez CERN. Analizując sytuację, trzeba przyznać, że prawdziwą przyczyną kryzysu fizyki teoretycznej jest wyrzucenie próżni kwantowej, ciemnej energii i ciemnej materii i zastąpienie ich bezmasowym medium. Ważną cechą

-37-

niejednorodne środowisko kosmiczne, które ma percepcję elektryczną i magnetyczną, jest tworzenie lokalnych struktur, które mają masę i energię, pod wpływem grawitacji, pól magnetycznych i elektrycznych, jak również nowe piąte oddziaływanie (piąta siła). Podejścia w modelach są różne, a wniosek jest taki sam: Wszechświat jest dynamicznym systemem, który stale generuje dodatnie i ujemne masy materii i reguluje ich gęstość poprzez rozszerzanie swoich granic. [3, 4, 18]. Okoliczność ta prowadzi do powstania nowych, bardziej ogólnych praw ochronnych właściwych dla fizyki systemów otwartych. Udane testy silnika Rogera Shawyera EmDrive'a bez paliwa, silnika Baurowa i kwantowego silnika antygrawitacyjnego Leonowa, wprowadzenie reaktora Andrei Rossi'ego E-Cat o sprawności ponad 100% i długotrwała praca generatora elektrycznego Paula Baumanna "Testatik Machine M/L Converter" bez zużycia energii, udane testy systemu bezprzewodowego przesyłu energii Nicoli Tesli to miażdżący cios dla współczesnego paradygmatu naukowego, który doprowadził do kryzysu fizyki teoretycznej.

PODZIĘKOWANIA

Autor dziękuje za dyskusje Yu. A. Baurov

REFERENCJE

1. Rubakov V.A. *Energy is as clear as mud*,- Scientific American, No.4, 2014
2. Stanisława I. Konstantinowa *Energia Utajona Wszechświata* - Międzynarodowy Dziennik Zaawansowanych Badań w Naukach Fizycznych, tom 4, wydanie 7, 2017, nr strony: 20-31.
3. J. S. Farnes, *Jednolita teoria ciemnej energii i ciemnej materii: Masa ujemna i tworzenie materii w zmodyfikowanych ramach* Lukrecji i Astrofizyki, tom 620, grudzień 2018 r.
4. Konstantinov S.I., *The cosmological constant and dark energy: theory, experiments and computer simulations*,- Global Journals Inc. (USA) GJSFR-A, tom 16, wydanie 5, 2016.

5. Czarnina A.D. *Ciemna energia w pobliskim Wszechświecie: Dane HST, teoria nieliniowa i symulacja komputerowa*,- Fizyka - Uspekhi, Vol.56, No.7, 2013.
6. Boldyreva L.B. *Jaka jest fizyka nadająca fizyczne właściwości próżniowe superpłynu ^{3}He-B?* - Moskwa: URSS, 2011 R.
7. Sedov L.I. *Mechanika próżniowa*, - Moskwa: Nauka, 1994
8. Stanisław Konstantinow *Polaryzacja próżni* - Open Access Journal of Physics, Tom 2, wydanie 3, 2018, PP 15-24.
9. Gorbunov DS, Rubakov VA, *Wprowadzenie do teorii wczesnego wszechświata* - M . : URSS, 2016 r.

-38-

10. Yu.A. Baurov, Yu.G. Sobolev, F. Meneguzzo, *Fundamental experiments on the detection of the anisotropy of physical space and their possible interpretation*, - M: Bulletin of the Russian Academy of Sciences: Fizyka ISSN, tom 79, nr 7, s. 1047-1052, (2015)
11. Groszew W.L. *Od grawitacji - przez jadron, fenomen Tunguski, Czarnobyl i Sosowo - aż do katastrof litosferycznych - Sankt* Petersburg: MECA, 2002
12. Galaktionov Yu. V., Poszukiwanie *antymaterii i ciemnej materii, precyzyjne badania strumienia promieni kosmicznych na międzynarodowej stacji kosmicznej. Eksperyment AMS. Wyniki czteroletniej ekspozycji*. - Fizyka - Uspekhi, **60**, (1), (2017)
13. Konstantinov S.I. *Ciemna materia i generowanie wtórnych elektronów i pozytonów w przestrzeni blisko-ziemskiej na podstawie danych z eksperymentów PAMELA, FERMI i AMS* -Global Journal of Science Frontier Research: A Physics and Space Science Volume 17 Issue 2 Version 1.0 Year 2017
14. Konstantinov S.I. *Bozon Higgsa i rezonanse w Wielkim Zderzaczu Hadronów* - Physics & Astronomy International Journal, *Volume* 2 Issue 5 (2018)
15. Leo G. Sapogin, Yu.A. Ryabov, V.A. Boichenko , *The Unitary Quantum Theory and a New Sources of Energy*. - Science Publishing Group, USA. (2015)
16. Leo G. Sapogin, Ryabov Yu.A. *The Mass Spectrum of Elementary Particles in Unitary Quantum Theory and Standard Model*,- Global Journal of Science Frontier Research A, vol.16,Issue 2,Version 1.0, (2016)
17. Shikin V. *Niskoczęstotliwościowe anomalie masy efektywnej klastrów naładowanych ciekłym helem*,- Fizyka niskich temperatur, Tom 39, Nr 10, 2013
18. Baurov Yu.A., *Standard leptony i następujący lepton w teorii Bajuonu*,- M.: Biuletyn Rosyjskiej Akademii Nauk: Fizyka, tom 80, nr 5, (2016)

19. Stanisław Konstantinow *Łamanie Zasady Równoważności i Granicy Ogólnej Relatywności Einsteina* - International Journal of Advanced Research in Physical Science, tom 5, wydanie 2, 2018, nr strony: 18-24.
20. Prigogine, I., Stengers I. *Time, Chaos, Quantum.*- Moskwa, Progress, 1994.
21. Einstein A. Fizyka i rzeczywistość, Journ. Instytut Franklina. 1936. Tom 221. P.313-347.
22. Konstantinov S.I., *Metaphysics of Classical Space and Time* - Global Journals Inc. (USA) GJSFR-A, tom 16 wydanie 5 wersja 1.0 Rok (2016)

-39-

23. Zeldowicz Ya.B., Novikov I.D. *The structure and evolution of the universe,* - M: Science,1975
24. Hinshaw G et al., arXiv: 1212.5226
25. Shawyr R.C. *The EmDrive Programme - Implications for the Future of the Aerospace In-dustry.*- SPR Ltd. UK. CEAS 2009. Manchester. (2009)
26. Harold White, Paul March, James Lawrence, Jerry Vera, Andre Sylvester, David Brady i Paul Bailey. *Pomiar ciągu impulsowego z zamkniętej jamy radiowej w próżni,* - NASA Johnson Space Center, Houston, Texas 77058, Journal of Propulsion and Power, (2016)
27. S.I. Konstantinov, *The New Particle from CERN and Leo Sapogin's Unitary Quantum Theory* - International Journal of Advanced Research in Physical Science (IJARPS) Volume 5, Issue 10, 2018, PP 1-12.
28. *Kurs fizyki* Crawford F. *Berkeley. T.3: Fale.* - M . : Mir, 529 s. (1965)
29. Etkin VA *Energodinamika (teoria transferu i transformacji energii termojądrowej)* . -SPb .: "Nauka", 409 s. (2008)
30. Leonov V.S., *Quantum Energetics: Theory of Superunification*.- Viva Books, Indie, (2011)
31. Leonov V. S. *Quantum Energetics. Tom 1. Teoria Superunification.* - Cambridge International Science Publishing, (2010), 745 stron.
32. Yu. A. Baurov, *Statek kosmiczny wykorzystujący energię bionową* - indyjski dziennik fizyki i zastosowań. ISBN 2347-3991 Tom 3, Numer 1 (2018), s. 9-18
33. Yu. A. Baurov, F. Meneguzzo, L. Albanese. *Eksperymentalne badanie sił trakcyjnych dla nowego pędnika kosmicznego.* - American Journal of Astronomy an Astrophysics. Kwestia specjalna: Globalna anizotropia, Teoria Byuona, Nowa siła, Nowy system zasilania, napęd, loty kosmiczne. 2(2)(2014) 40-46.

34. Yu. A. Baurov, A. Yu. Baurov, A. Yu. Baurov (Jr.), F. Meneguzzo i A.A. Bugaev, *New Interaction in Nature and its Use in the Form of Traction*,- Int. J. Pure Appl. Sci. Technol., 13(1) (2012) 40-49.
35. Konstantinov S.I., *Tokomak, Akceleratory, Zderzacze i Elektrodynamika Maxwella*, - Global Journals Inc. (USA) GJSFR-A, tom 16, wydanie 6, s. 85-97, (2017).
36. Swiatosław Iwanow *fizycy syberyjscy przeprowadzili pierwsze udane eksperymenty nad stworzeniem silnika termojądrowego* - RIA "Novosti", 27 grudnia 2018 r. hightech.fm'2018/12/27/smola
37. *Physicists Developing Plasma Engine for "Super Fast" Space Travel (Narody rywalizują o najnowocześniejsze podróże międzygwiezdne)* - Do Sputnika środa, 02 stycznia 2019 r., NOWOŚĆ, poniedziałek, 11 lutego 2019 r.

-40-

III. Nowa cząstka z CERN-u i Unitarnej Teorii Kwantowej Leo Sapogina

Streszczenie: Odkrycie w Wielkim Zderzaczu Hadronów nowej cząstki, która rozpada się na pary mionów przy energii 28 GeV, może wskazywać na awarię Modelu Standardowego. Cząstka o masie 28,9354 GeV została przepowiedziana w 2007 roku przez profesorów Leo G. Sapogina i Yu. A. Ryabov teoretycznie, przy obliczaniu widma masowego cząstek elementarnych w oparciu o Unitarną Teorię Kwantową. Precyzyjne pomiary promieniowania kosmicznego za pomocą spektrometru alfa-magnetycznego AMS-02 (2012-2017) potwierdzają obecność maksymalnego spektrum energetycznego elektronów wtórnych i pozytonów przy energii fotonów Wp ≈25- 30 GeV. Może to wskazywać na niestabilność próżni (ciemnej materii). Pojawia się pytanie o rzeczywisty mechanizm polaryzacji próżniowej (ciemna materia) i ponowne rozważenie Modelu Standardowego.

Słowa kluczowe: próżnia, ciemna materia, proton, elektron, pozyton, rezonans, masa, energia.

1. Wprowadzenie

Obecnie naukowcy z Wielkiego Zderzacza Hadronów z CERN u uważają, że być może odkryli nową cząstkę, której rozpad powoduje powstanie par mionów w wąskim szczycie energii zderzających się protonów ściśle określonym na 28 GeV, ale jest jeszcze za wcześnie na wyciąganie ostatecznych wniosków. Wśród fizyków, cząstka ta wywołuje nie tylko podniecenie, ale i niepokój. W przeciwieństwie do bozonu Higgsa, przewidzianego przez teorię cząstek elementarnych w ramach najprostszej wersji Modelu Standardowego (SM), nowa cząstka może zagrażać CM. Nowy wynik - składający się z tajemniczego uderzenia w dane przy 28 GeV - został opublikowany jako preprint na ArXivie, a artykuł Rogera Barlowa ukazał się 13 listopada 2018 roku [1]. Współpraca z LHC ma bardzo ścisłe wewnętrzne procedury rewizyjne i możemy być pewni, że autorzy zrobili kwoty poprawnie, gdy podadzą "wartość odchylenia standardowego 4.2". Oznacza to, że prawdopodobieństwo uzyskania szczytu tego dużego, losowo generowanego hałasu w danych, a nie rzeczywistej cząstki, wynosi tylko 0,0013%. W pewnym sensie wydaje się, że to powinno być prawdziwe wydarzenie, a nie przypadkowy hałas. Jeśli ta cząstka rzeczywiście istnieje, to powinna znajdować się poza standardowym modelem, gdzie nikt się jej nie spodziewał. Tak jak Newtonowska grawitacja ustąpiła miejsca ogólnej teorii względności Einsteina, tak model standardowy zostanie zastąpiony. Zastąpienie nie będzie jednak odpowiadało kandydatom, którzy już zostali zaproponowani do rozbudowy modelu standardowego: w tym supersymetrii, dodatkowych wymiarów i teorii Wielkiego Zjednoczenia. Wszystkie oferują nowe cząstki, ale żadna z nich nie posiada takich właściwości, jak ta, która mogła zostać właśnie odkryta. To musi być coś tak dziwnego, że nikt nigdy tego nie proponował. Na szczęście inny duży eksperyment LHC, ATLAS, ma podobne dane ze swoich eksperymentów, które zespół nadal analizuje i zgłasza w odpowiednim czasie. Nowa fizyka

-41-

reprezentuje próżnię kwantową (ciemną materię) jako trzeci pełny uczestnik zderzeń protonów w LHC, którego obecności zaprzeczają apologeci dominującej 100 lat w fizyce Specjalnej Teorii Względności Einsteina (SRT) [2]. Ponadto, posiadając charakter wszechobecny, medium to wpływa na wszystkie procesy zachodzące w akceleratorach i zderzakach. Może się okazać, że liczba rezonansów zidentyfikowanych jako nowo wytworzone niestabilne cząstki w polaryzacji próżni kwantowej, pod działaniem szczytowych pól elektrycznych i magnetycznych lub relatywistycznych protonów w LHC jest tak duża, że konieczne będzie stworzenie specjalnych tabel analogicznych do tabel publikowanych przez współpracującą Particle Data Group (PDG), które opisują wszystkie właściwości rezonansów związanych z obecnością poziomów kwantowych w samych cząstkach. Dodanie nowych cząstek w SM do przeglądu bozonu Higgsa może obejmować bozon X. Jonathan Feng, profesor fizyki i astronomii na Uniwersytecie Kalifornijskim w Irvine, w komunikacie prasowym w 2017 roku powiedział: "Od dziesięcioleci znamy cztery podstawowe siły: grawitację, elektromagnetyzm oraz silne i słabe siły atomowe". Odkrycie możliwej piątej siły całkowicie zmieniłoby nasze rozumienie wszechświata, co miałoby konsekwencje dla zjednoczenia sił i ciemnej materii. Rozdzielając ciemny foton, fizycy pozycjonują "fotofobiczny bozon X". Inne znane siły przed nim działały tylko na elektrony i protony. Ta nowa siła oddziaływuje z elektronami i neutronami w bardzo ograniczonym zakresie. Naukowcy twierdzą, że nie ma innego bozonu o takich samych cechach - stąd nazwa "bozon X". Bozon X ciemnej materii pozwala wyjaśnić szereg eksperymentów, w których obserwowany jest anomalny moment magnetyczny mionu. Analiza danych doświadczalnych związanych z badaniem anizotropii przestrzeni fizycznej pozwala na założenie istnienia piątego oddziaływania (piątej siły). Podczas gdy amerykańscy naukowcy otwierają piątą siłę, rosyjski fizyk Yu. A.Baurov stworzył już na bazie tej siły silnik, który pozwala mu latać w kosmosie [3]. Próżnia kwantowa uczestniczy we wszystkich podstawowych oddziaływaniach, ale jeśli polaryzacji próżni w oddziaływaniach elektromagnetycznych towarzyszy produkcja par elektron-pozyton z udziałem wirtualnych fotonów wymiany, to w silnym oddziaływaniu jądrowym polaryzacji próżni kwantowej towarzyszy produkcja trzech niestabilnych π-mezonów (π^0,π+,π-) z udziałem wirtualnych pionów wymiany. W tym samym czasie zmienia się widmo energetyczne produkcji nowych cząstek i antycząstek, co wskazuje na zmianę struktury próżni kwantowej, gdy wchodzi ona w jądra atomowe. Należy zauważyć, że odkrycie zjawiska polaryzacji próżni kwantowej (ciemnej materii) w teoriach elektrodynamiki kwantowej (QED) i chromodynamiki kwantowej (QCD) prowadzi do naruszenia symetrii, praw ochronnych i zakazów w Modelu Standardowym. Każda symetria w SM ma swoje własne prawo ochronne. Na przykład, symetria w odniesieniu do przemieszczeń w czasie odpowiada prawu zachowania energii, symetria w odniesieniu do przemieszczeń w przestrzeni - prawu zachowania pędu, a symetria w odniesieniu do obrotów w przestrzeni (wszystkie kierunki w przestrzeni są równoważne) odpowiada zachowaniu pędu kątowego. Prawa ochrony mogą być interpretowane jako zakazy: symetria

-42-

zakazać zmiany energii, pędu i pędu kątowego do systemu zamkniętego podczas jego ewolucji. Udział próżni kwantowej (ciemnej materii) we wszystkich oddziaływaniach powoduje odrzucenie paradygmatu zamkniętego systemu ewolucji i wymaga rewizji wszystkich praw ochronnych i symetrii. Dziś eksperci pracujący przy Wielkim Zderzaczu Hadronów zadają sobie pytanie o epokowe zastąpienie paradygmatu w fizyce. Przykładem jest artykuł Josepha Likkena i Marii Spiropul: "Supersymetria i kryzys w fizyce" [4]. Jest pytanie: "Jaka powinna być nowa fizyka?" Nie ma jedności w tej kwestii wśród fizyków. Artykuł ten jest prekursorem powstania nowej fizyki, w której dopuszcza się naruszanie praw konserwatorskich w systemach otwartych, znosi się zakaz tworzenia urządzeń o sprawności większej niż 100% i w której dla ludzkości otwiera się niewyczerpane źródło pojęciowych innowacji we wszystkich dziedzinach działalności.

2. Polaryzacja próżni i Jednolita Teoria Kwantowa Leo Sapogina

W elektrodynamice kwantowej (QED) niestabilność próżni fizycznej pod wpływem wysokoenergetycznych fotonów promieniowania kosmicznego, relatywistycznych protonów, szczytowych pól elektrycznych i magnetycznych lub intensywnego promieniowania laserowego nazywana jest polaryzacją próżni i charakteryzuje się powstawaniem par elektron-pozyton i mion, co powoduje, że sama próżnia jest niestabilna [5]. W LHC prąd elektryczny powstaje w wyniku ruchu wiązek naładowanych protonów relatywistycznych i zgodnie z równaniami Maxwella generuje silne i nietrwałe, toroidalne i poloidalne pola elektromagnetyczne [6].

Doświadczalnie ustalono, że w obecności silnego pola magnetycznego H ≈ 10^{16} T lub szczytu natężenia pola elektrycznego E ≈ 10^{16} V · cm^{-1} w próżni kwantowej z cząstek wirtualnych powstają stosunkowo stabilne cząstki (żywotność 16-10^{-23} sek.). Wraz z polaryzacją próżni kwantowej i jej przemianą w materię, zmiana energii próżni w może być reprezentowana jako suma:

$w = w^p + w^{\sigma}$ (1)

gdzie w^p jest polaryzacją próżniową, $w^p << E^2 / 8\pi$;

w^{σ} to zmiana energii substancji przy produkcji cząstek.

$$w^{\sigma} = eET\varkappa, \quad \varkappa = \frac{e^2E^2T}{4\pi^3}\exp(-\pi\frac{m^2}{\hbar E})$$

Tworzenie się cząstek jest główną przyczyną zmiany energii próżni. Niewielka wartość reakcji odwrotnej w^p oznacza ograniczenie natężenia pola elektrycznego E w danym czasie T (Es ≈ 10^{16} V · cm^{-1} jest wartością krytyczną.

-43-

Schwinger's field) [7].

Kierunek ruchu wtórnych par elektronowo-pozytonowych wytwarzanych w próżni (ciemna materia) może być określony przez naturę efektu, który spowodował polaryzację próżni. Pod wpływem sztywnych fotonów, deformacja próżni następuje w kierunku poprzecznym do rozprzestrzeniania się perturbacji, co określa kierunek ruchu par elektron-pozyton (rys.1a).

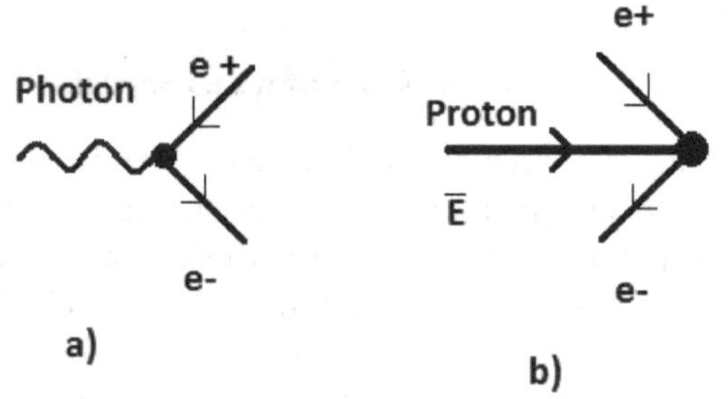

Vacuum

Rysunek 1. Polaryzacja próżni kwantowej

a) jeżeli polaryzacja próżniowa jest spowodowana ruchem fotonu;

b) jeśli polaryzacja próżniowa jest spowodowana ruchem relatywistycznego protonu lub szczytowym polem elektrycznym ściśle zorientowanym w jednym z kierunków E.

Można to zaobserwować analizując dane obserwacyjne dotyczące strumieni wtórnych par elektronowo-pozytonowych o miękkim spektrum energii w kaskadach kwantowo-dynamicznych w intensywnym polu lasera lub w środowisku bliskim Ziemi pod wpływem działania fotonów promieni kosmicznych w eksperymentach PAMELA i AMS-02 [8]. Jeśli polaryzacja próżni jest spowodowana ruchem ładunków relatywistycznych lub szczytowym polem elektrycznym ściśle zorientowanym w jednym kierunku, to wytwarzane w próżni wtórne pary elektronowo-pozytonowe będą poruszać się w kierunku przeciwnym do pędu pierwotnych cząstek naładowanych, z zerowym pędem poprzecznym $p^{\perp}$ =0 [5], ponieważ deformacja próżni nastąpi w kierunku wzdłużnym (rys.1b). Eksperymentalnym potwierdzeniem tego może być pojawienie się przepływu wstecznego

-44-

elektrony o "miękkiej" energii widmo w multifalowych generatorach Cherenkova (MWCG). Jedną ze szczególnych cech pracy MWCG wykorzystującej wiązkę elektronów o czasie trwania mikrosekund z początkową energią cząstek naładowanych W_e ~ 2 MeV i wspólnym prądem I ~ 20 kA jest stosunkowo krótki impuls promieniowania w 3-centymetrowym zakresie długości fal o rekordowo wysokim poziomie mocy do 15 GW [9].

Próżnia kwantowa jest globalnym polem superpozycji oscylatorów z kontinuum częstotliwości. W przeciwieństwie do pola, cząsteczka oscyluje z tą samą stałą częstotliwością. Przed nami jest przykład nieintegracyjnego systemu Poincare. Rezonanse będą występować zawsze, gdy częstotliwość pola i cząstki będą się pokrywać. Ewolucja układów dynamicznych (cząstek) aż do samoorganizującej się materii zależy od dostępnych rezonansów pomiędzy stopniami swobody. To był wniosek I. Prigogine'a i I. Stengera w ich monografii "Czas, Chaos, Kwant" [10]. Ożywili pomysł N. Tesli na teorię globalnego rezonansu. Niemniej jednak, jeśli teoria rezonansowa Tesli o narodzinach materii w eterze opierała się na intuicji pomysłowego eksperymentatora, to w przypadku I. Prigogine'a teoria ta uzyskała rygorystyczny pogląd matematyczny. Udowodnione przez Poincare nieintegracyjne układy dynamiczne oraz teoria trajektorii rezonansowych Kołmogorowa-Arnolda-Mosera pozwoliły Prigogine'owi stwierdzić, że mechanizm oddziaływania rezonansowego cząstek w dużych układach Poincare (LPS) był "zasadniczo" obowiązkowy i nie probabilistyczny. Wraz z rosnącymi parametrami komunikacyjnymi zwiększa się prawdopodobieństwo uzyskania wyników rezonansu. Do takich właśnie układów dynamicznych LPS należą układy oddziaływania cząstek z otoczeniem kosmicznym i ze sobą nawzajem. Prigogine, laureat Nagrody Nobla, zastanawiał się: "Czy Wszechświat jest systemem zamkniętym pod względem termodynamiki?" Odpowiadając na to pytanie, I. Prigogine doszedł do wniosku, że postulat braku wymiany ciepła pomiędzy środowiskiem a elementem objętościowym (proces adiabatyczny ewolucji kosmologicznej dQ = 0) jest błędny [10]. Wszechświat Einsteina to zamknięty wszechświat ze stałą entropią, ponieważ w takim wszechświecie nie ma nieodwracalnych procesów. Aby opisać narodziny materii w ogólnej względności Einsteina należy wziąć pod uwagę zmiany w gęstości materii wynikające z produkcji cząstek. Prowadzi to do zaburzeń symetrii czasowej. Prigogine zaproponowała dodanie liczby zmiennych zawartych w modelu standardowym (ciśnienie P, gęstość masowo-energetyczna σ i promień wszechświata R (t)) dodatkową zmienną n - gęstość cząstek i dodatkowe równanie, które wiązałoby funkcję Hubble'a z promieniem wszechświata R (t) i narodzinami cząstek n. W przypadku wszechświata, składającego się z cząstek o tym samym typie masy M, kiedy gęstość masowo-energetyczna jest po prostu równa σ, a ciśnienie P - zanika, Prigogine proponuje proste równanie, które uwzględnia

-45-

...odpowiadają za powstawanie cząsteczek:

$$\alpha H^2 = \frac{1}{R^2}\frac{\partial nR^3}{\partial t} \qquad (2)$$

gdzie α - stała kinetyczna równa zeru lub dodatnia.

W tym równaniu (2), wartości α i H są dodatnie, ponieważ mówimy tylko o narodzinach (a nie o zniszczeniu) cząstek. W przestrzeni Minkowskiego, gdzie H = 0, produkcja cząstek nie może być (równanie $H\psi = 0$ jest często nazywane równaniem Wheeler - DeWitt). Ponadto, we Wszechświecie Einsteina całkowita liczba nR^3 stała niezależnie od wartości H, α = 0 [10]. Dalej, rozważając jak narodziny cząstek prowadzą do modyfikacji równań ogólnej względności Einsteina pod względem pierwszego i drugiego prawa termodynamiki Prigogine pisze: "To podejście prowadzi do modyfikacji równań Einsteina" [10]. Wewnętrzna energia może być tworzona kosztem grawitacyjnej energii ciemnej materii.

Podczas gdy zachowanie cząstki w oscylatorze jest generalnie interpretowane jako w pełni deterministyczne, a jego przeszłość i przyszłość są wyraźnie określone przez równania ruchu i warunki początkowe, stochastyczność jest związana z przypadkowością i niejednoznacznością [11, 12]. Czy proces ściśle deterministyczny może również wydawać się przypadkowy? L. Sapogin w swojej Jednostkowej Teorii Kwantowej (UQT) odpowiada twierdząco. Jego badania fizyczne i matematyczne pokazują, że jest to możliwe, a w niektórych przypadkach nieuniknione. W rozwiązaniu problemu oscylatora harmonicznego, oprócz konwencjonalnych oscylacji stacjonarnych ładunku o dyskretnej wartości energetycznej, profesor Lev Sapogin oferuje dwa nowe rozwiązania (Rys. 2), które zostały nazwane przez niego "krematorium" i "domem dziecka". W pierwszej decyzji cząstka oscyluje w potencjalnej studni z wykładniczym spadkiem energii, a w drugiej decyzji jej energia wzrasta bez ograniczeń. Dla mechaniki cząstki z oscylującym ładunkiem istnieją trzy możliwe sposoby zachowania się, które, jak się okazało, nie zależą od rodzaju studni potencjału; muszą być one tylko skończone i mieć równe strony [12].

-46-

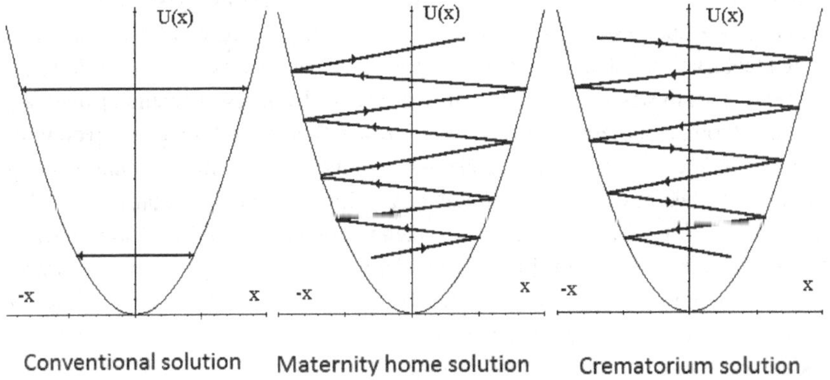

Rysunek 2. Rozwiązanie problemu oscylatora harmonicznego

Autonomiczne równanie ruchu cząsteczki w przypadku potencjalnej studni w kształcie sekantu hiperbolicznego

$U(x) = -U_o \operatorname{sech}(x^2)$ (3)

będzie wyglądać następująco:

$$m\frac{d^2x}{dt^2} + 4U_oQx\frac{\operatorname{Cos}^2\left(mx\frac{dx}{dt}+\varphi o\right)\sinh(x^2)}{\operatorname{Cosh}^2(x^2)} = 0$$

gdzie m, Q, φ_o są masą, ładują odpowiednio początkową fazę cząsteczki,

x to współrzędna cząstki w funkcji czasu;

Wynikające z tego tryby zachowania się cząstki w równych warunkach zależą w dużym stopniu od fazy początkowej, a jej wahania skutkują bardzo dużą różnorodnością trajektorii [12].

Od połowy ubiegłego wieku w QED, badania oddziaływań wysokoenergetycznych cząstek pozwoliły na wykrycie rezonansów, które przejawiają się w postaci pików na ogólnym monotonicznym zachowaniu się przekrojów ich oddziaływań. Rezonanse były interpretowane jako konsekwencja obecności poziomów kwantowych w samych cząstkach i identyfikowane w SM jako nowo wytworzone cząstki niestabilne. Obecnie wszystkie rezonanse są klasyfikowane i opisywane w ramach Modelu Standardowego aż do Bosonów Higgsa. Ale pojawia się pytanie

-47-

czy prawidłowa będzie interpretacja wszystkich rezonansów tylko do samych cząstek. Bezpośrednie eksperymentalne określenie zależności rezonansowej narodzin cząstki elementarnej-przedcząsteczki, pod wpływem częstotliwości ν promieniowania zewnętrznego i relatywistycznych protonów w próżni kwantowej (ciemnej materii), jest prawie całkowicie odrzucone przez współczesną fizykę. Podążając za zwodniczą logiką współczesnej teorii, ta zależność jest rysowana jako monotonnie rosnąca krzywa, która zaprzecza eksperymentalnym odkryciom dokonanym ostatnio w LHC i w przestrzeni bliskiej Ziemi. W tym przypadku polaryzacji próżni kwantowej w przestrzeni i instalacji próżniowej pod działaniem elektromagnetycznym towarzyszy produkcja par elektronowo-pozytonowych lub mionowych cząstek i antycząstek. W roli cząstek wymiennych w interakcji elektromagnetycznej z próżnią kwantową w QED odgrywają fotony. Przypominamy najbardziej popularny diagram Feynmana dotyczący oddziaływania dwóch elektronów [13]. Ich trajektoria wzajemnego zbliżania się i odpychania (to ostatnie występuje zgodnie z prawem Coulomba) jest określona w QED poprzez wzajemne oddziaływanie ładunków, które w tym przypadku są wymieniane przez wirtualne fotony. W naszej koncepcji, gdzie istnieje struktura próżni kwantowej, zastosowanie koncepcji fotonu wymiennego nie jest konieczne, ponieważ proces polaryzacji (deformacji) próżni może być reprezentowany energetycznie wzór (1). Fizyczne znaczenie tego niezwykle szybkiego procesu oscylacyjnego jest to po zewnętrznym wpływie na próżnię kwantową, która reprezentuje globalne pole superpozycji oscylatorów z kontinuum częstotliwości , pakiet falowy powstaje w nim, oscylując jak membrana lub ciąg o częstotliwości $\omega_S = \frac{mc^2}{\hbar\gamma}$, $\gamma=\sqrt{1- v^2 / c^2}$. Częstotliwość ω_S tych swobodnych oscylacji jest bardzo wysoka: jest proporcjonalna do energii resztkowej cząstki i jest równa częstotliwości tzw. drżenia Schrödingera ("zitter-bewegung") [14]. Obliczenia pokazują, że długość fali w kopercie jest dokładnie równa długości fali de Brogliego, a zależność tej długości od prędkości pakietu jest taka sama! Wewnątrz ruchu pojawiają się wibracje de Broglie z częstotliwością $\omega_B = \frac{mv^2}{\hbar\gamma}$ z powodu rozproszenia. Przy małych energiach $\omega_S >> \omega_B$ a obecność szybkich własnych oscylacji nie ma wpływu na wszystkie zjawiska kwantowe wynikające z oscylacji de Brogliego. W przypadku, gdy $v \rightarrow c$, częstotliwość $\omega_B \rightarrow \omega_S$ (rezonans częstotliwościowy ω_r), wzrost energii i zjawisko rezonansu wydaje się powodować wzrost amplitudy oscylującej i wzrost masy- m_r :

$$m_r = \hbar\, \omega_r / c^2 \qquad (4)$$

gdzie m_r jest masą kwantowego obiektu,

ω_r jest częstotliwością funkcji falowej obiektu kwantowego,

-48-

c jest prędkością światła c = 299792458 m/s

$\hbar = h / (2\pi)$, $\hbar = 1{,}0546 \cdot 10^{-34}$ J / Hz, h jest stałą Plancka, $h = 6{,}6260 \cdot 10^{-34}$ J / Hz

Cząstka uzyska zupełnie nową obwiednię niskich częstotliwości o długości fali $\lambda_r = \frac{h}{mc\gamma}$ [14].

Podejście makroskopowe, hydrodynamiczne zachowanie dodanej masy ciał sferycznych dowolnej natury (w tym klastrów naładowanych) w superpłynnej ^{3}He-B (odpowiednik ciemnej materii) jest głównym źródłem pracy Stokes. Jest to złożona siła F (ω), wywierana przez płyn na sferę o promieniu R, wykonuj okresowe oscylacje z częstotliwością ω. W obrębie niskich numerów Reynoldsa mamy [15]:

$$F(\omega)= 6\pi\eta R\ [1+R/\delta(\omega)]V(\omega) +3\pi R^2\sqrt{2\eta\rho/\omega}\ [1+2R/9\delta(\omega)]\ i\omega V(\omega), \qquad (5)$$

$$\delta(\omega) = (2\eta/\rho\omega)^{1/2}$$

gdzie ρ - gęstość cieczy, η - lepkość, V - sfera amplitudy prędkości, δ (ω) - tzw. lepka głębokość penetracji, która wzrasta wraz ze wzrostem lepkości i spadkiem częstotliwości drgań.

Rzeczywistą częścią wyrażenia (5) jest znana siła Stokesa wynikająca z ruchu płynu w kuli. Składnik wyobrażeniowy (współczynnik iωV) jest naturalnie identyfikowany z efektywną masą dodanego klastra:

$$Meff\ (\omega R)=2\pi\rho R^3/3\ [1+9/2\ \delta(\omega)/R] \qquad (6)$$

Pochodzenie dodane (dołączone) masy Meffa (ωR), w zależności od częstotliwości ω i promienia R kuli klastra związanego z wzbudzeniem pola wokół poruszającego się klastra o prędkości hydrodynamicznej υ_i (r) oraz pojawieniem się w związku z tą dodatkową energią kinetyczną. W nadpłynnej masie dodatkowej znajdują się dwa składniki: nadpłynny i normalny [15].

Unitarna Teoria Kwantowa Leo Sapogina (UQT) opisuje cząstki elementarne jako pakiety fal cząstkowych z liniowym rozproszeniem [12, 14]. Najważniejszym rezultatem nowego jednolitego podejścia do teorii kwantowej jest pojawienie się ogólnej podstawy terenowej dla całej nauki fizycznej, ponieważ operacyjny opis zjawisk fizycznych właściwy dla standardowej relatywistycznej teorii kwantowej jest tak całkowicie niezadowalający. Cząstka ta została formalnie uznana za punkt w celu wyjaśnienia funkcji falowej / amplitudy prawdopodobieństwa. Jednak ani hipoteza punktowa, ani Bohra

-49-

przestarzała zasada komplementarności okazała się przydatna w zrozumieniu struktury cząstek elementarnych i opracowaniu teorii pola kwantowego w ramach przyjętego paradygmatu. Konwencjonalna teoria kwantowa posiada pojęcia dualizmu pola i materii, gdzie cząstka jest uważana za punkt s - źródło pola, ale UQT jako pierwsza przedstawiła ją jako pole. Istnieje koncepcja standardowego modelu (SM) fizyki cząstek elementarnych, często nazywana przez mass media "teorią prawie wszystkiego". Ta nowożytna teoria budowy i oddziaływania cząstek elementarnych, wielokrotnie potwierdzana przez doświadczenia, pozwala przewidywać właściwości różnych procesów rozpraszania i przekształcania w świecie cząstek elementarnych.

Fizycy pracujący w ramach tego modelu zastrzegają, że wszystkie ich przewidywania są eksperymentalnie potwierdzone. Ale ten doskonały (z braku czegoś lepszego) model nie może przewidzieć nawet masy cząstek elementarnych, dlatego SM nie może być uważany za ostateczną teorię cząstek elementarnych. W standardowym modelu (SM) brakuje nawet algorytmu obliczania widma masowego dla cząstek elementarnych. SM nie posiada teoretycznie sprawdzonego algorytmu obliczania masy widma i nie ma pomysłu jak to zrobić! SM zawiera od 20 do 60 dowolnie regulowanych parametrów (istnieją różne wersje SM) do obliczania masy cząstek. Wszystko to mocno przypomina sytuację z Ptolemaickimi modelami Układu Słonecznego przed pojawieniem się praw Keplera i mechaniki Newtona. Te zorientowane na ziemię modele ruchu planet w Układzie Słonecznym wymagały początkowo wprowadzenia tzw. epicykli specjalnie dobranych do koordynacji teoretycznych prognoz i obserwacji. Według słów Einsteina następna teoria powinna zmniejszyć liczbę spraw, ale SM buduje sprawę z 12 podstawowych "cegieł" - sześciu klas leptonów i sześciu klas kwarków. Liczba możliwych kombinacji wykonanych z tych cegieł jest ograniczona, dlatego też SM nie pozostawia miejsca dla dużej liczby słabo oddziałujących cząstek, które stanowią 95 % ogólnej masy Wszechświata. Ponadto SM pozostawiła w głębokim tyłku kilka podstawowych pytań kwantowych, takich jak dualizm fal korpuskularnych i jednolite wyjaśnienia wielu zjawisk katalizy chemicznej [12]. Pod koniec 2007 roku Jednolita Teoria Kwantowa pozwala profesorowi Leo Saposinowi obliczyć widmo masowe wszystkich cząstek elementarnych bez żadnych parametrów korygujących. Dyspersję dobiera się w taki sposób, aby pakiet falowy okresowo znikał i pojawiał się w ruchu, a obwiednia procesu pokrywała się z funkcją falową [12, 14].

Odkrycie w Wielkim Zderzaczu Hadronów nowej cząstki, która rozpada się na pary mionów przy energii 28 GeV (28,9354 GeV według obliczeń Sapogina sprzed 11 lat), może być w przybliżeniu wykryte w grafice ekspozycyjnej

Rysunek 3 z dużą dokładnością. Przy okazji obliczone widmo Sapogina ma cząstkę o masie=131,51711 GeV (L=2, m=2). Kiedyś można go nazwać "bozonem Higgsa", leży on w granicach deklarowanego przez CERN+Tewatronowy przedziału masy 125-140 GeV, który ma zawierać "bozon Higgsa" Niektóre późne znaleziono 3 pięciokwarki. Znaczenie każdej z tych mas wynosi więcej niż 9 odchyleń standardowych. Jeden ma masę 4380±8±29 MeV i szerokość 205±18±86 MeV (teoretyczna masa Sapogina=4315, 87 MeV (L=9, m=0)), drugi jest węższy, o masie 4449,8±1.7±2,5 MeV i szerokości 39±5±19MeV (masa teoretyczna Sapogina=4496,65 MeV (L=7, m=2)), trzeci θ+ jarion ma masę=1522±3 MeV (masa teoretyczna Sapogina=1524,62 MeV (L=12, m=0)). Numer raportu: CERN-PH-EP-2015-153, LHCb-PAPER-2015-029. Wszystkie te masy zostały obliczone w 2007 roku, a tabela z wszystkimi teoretycznymi masami dla cząstek elementarnych znajduje się w [14]. Sytuacja, w której teoretyczne przewidywania pojawiają się przed ich eksperymentalnym potwierdzeniem i oczekiwaniem na ich uznanie, jest naprawdę wyjątkowa. Przypomina to sytuację z uznaniem dla twórczości P. Higgsa i F. Englera, gdy teoretyczne przewidywania pojawiają się przed ich eksperymentalnym potwierdzeniem i czekają na prawie pół wieku ich uznania. P. Higgs i F. Engler otrzymali Nagrodę Nobla w 2013 roku za "teoretyczne odkrycie mechanizmu, który pomaga nam zrozumieć pochodzenie mas cząsteczek subatomowych i który został niedawno potwierdzony odkryciem nowej przepowiedzianej cząstki w Wielkim Zderzaczu Hadronów". Ale pojawia się pytanie: "oddziałując z polem Higgsa, wszystkie cząstki nabierają masy, ale bozon Higgsa z tego uniwersalnego mechanizmu wypada! To jest dalekie od banału; ta dwuznaczność jest fundamentalna i niesie ze sobą niezwykle poważne konsekwencje dla SM". Profesor Leo Sapogin zaproponował inny uniwersalny mechanizm pozwalający na uzyskanie masy wszystkich cząstek elementarnych [14]. W rezultacie bozon Higgsa stał się zwykłą cząstką, nabierając masy podobnej do wszystkich innych cząstek elementarnych.

3. Eksperymenty

3.1 Odkrycie nowej cząstki w Wielkim Zderzaczu Hadronów, wskazujące na krytyczne odchylenie od modelu standardowego

Głównym celem badań w zderzaku jest zbadanie sił, które kontrolują wzajemne oddziaływanie cząstek i wyjaśnienie ich wewnętrznej struktury. Chociaż obecnie nie ma oznak krytycznych odchyleń od przewidywań Modelu Standardowego (SM), który łączy oddziaływania silne i elektroweakowe, obserwuje się szereg faktów eksperymentalnych, które wymagają wyjaśnienia.

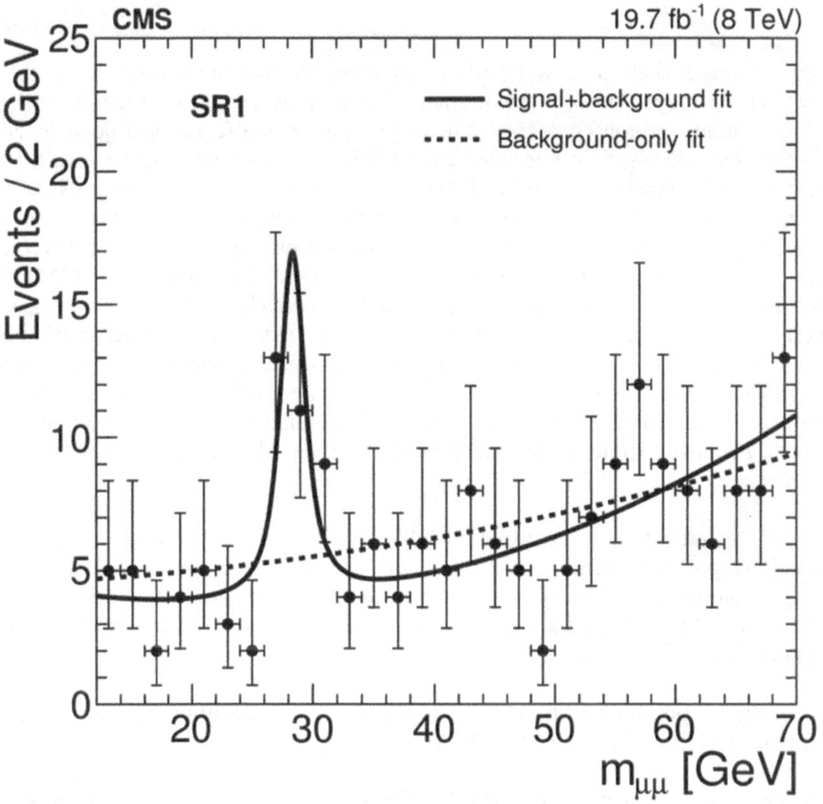

Rysunek 3. Szczyt energii przy 28GeV

Doświadczalne odkrycia dokonane ostatnio w Wielkim Zderzaczu Hadronów (LHC) obejmują odkrycie bozonu Higgsa, zwiększenie przekroju poprzecznego oddziaływania protonów wraz ze wzrostem energii oraz zwiększenie frakcji procesów rozpraszania sprężystego w przedziale energii Wp ~ 100 GeV - 13 TeV, czyli efekt zwiększenia stabilności protonów oraz emisji dżetów w procesach nieelastycznych z dużą wielokrotnością [16]. Najbardziej uderzające jest to, że przedział energii rezonansowego protonu w LHC, w którym obserwuje się największe prawdopodobieństwo nieelastycznych zderzeń protonów i powstawania nowych cząstek, odpowiada przedziałowi energii Wp ≈ 10-100 GeV [16, Rys. 2], jednak wraz ze wzrostem energii relatywistycznych protonów wzrasta efekt ich stabilności po zderzeniu [16]. Można założyć, że powstawanie nowych cząstek w tym zakresie energii jest związane z polaryzacją próżni kwantowej (ciemnej materii) [2]. Taki obraz jest sprzeczny z pojęciami fizyki klasycznej i wykracza poza ramy SM. W rezultacie prognozy modeli stają się mniej pewne i nie dość wiarygodne. Teraz naukowcy w

Wielki Zderzacz Hadronów w CERN-ie uważają, że być może odkryli oni nową cząstkę, której rozpad powoduje powstanie par mionów w wąskim szczycie energii zderzających się protonów ściśle określonym na 28 GeV, ale jest jeszcze zbyt wcześnie, by wyciągać ostateczne wnioski [1]. Nowe, egzotyczne cząstki w zderzeniach protonów w LHC powodują ekstremalny wzrost znanych cząstek, takich jak foton, elektron czy mion, ponieważ ciężkie, "niewidzialne" cząstki, takie jak bozon Higgsa, są często niestabilne i rozpadają się na lżejsze, łatwe do wykrycia cząstki. Wszystkie te cząsteczki pasują do Modelu Standardowego (SM). W większości przypadków pary mionów pochodzą z różnych źródeł z dwóch różnych zdarzeń, a nie z rozpadu jednej cząsteczki. Jeśli w takich przypadkach spróbujesz obliczyć masę rodzicielską, rozłoży się ona na szeroki zakres energii, zamiast tworzyć wąski pik. W nowym eksperymencie detektor CMS wykrył dużą liczbę par mionów i po przeanalizowaniu ich energii i kierunków, stwierdził, że pary te pochodzą z rozpadu jednej z cząsteczek macierzystych. Możesz spojrzeć na Rysunek 3 i sam ocenić.

Czy jest to prawdziwy szczyt, czy tylko statystyczny chybotanie z powodu przypadkowego rozrzucenia punktów w tle (krzywa przerywana)? Jeśli jest to prawdą, oznacza to, że niektóre z tych par mionów faktycznie pochodzą z dużej cząstki matki, która rozpadła się, emitując miony - i żadna z tych cząstek nigdy wcześniej nie była widziana.

3.2 Precyzyjne pomiary widm elektronów i pozytonów za pomocą spektrometru alfa-magnetycznego (AMS) (2011-2016)

Spektrometr alfa-magnetyczny AMS-02 został umieszczony na Międzynarodowej Stacji Kosmicznej (ISS). i w latach 2011-2016 przeprowadził on precyzyjne pomiary widm elektronów i pozytonów w zakresie energii 0,5-700 GeV dla elektronów i 0,5-500 GeV dla pozytonów [17]. Spektrometr alfa-magnetyczny AMS-02 jest przeznaczony do pomiaru wysokoenergetycznych cząstek naładowanych z zestawem dużych statystyk (średnio o 2-3 rzędy wielkości więcej niż "standardowe" pomiary w promieniach kosmicznych). Wielkość ładunku elektrycznego w detektorze AMS-02 jest mierzona niezależnie przez detektor współrzędnych (Tracker), detektor Cerenkova (RICH), licznik czasu lotu (TOF) o rozdzielczości czasowej 160 ps. Znak naładowania i impuls cząstek są mierzone wzdłuż trajektorii w magnesie za pomocą dziewięciu płaszczyzn dwukierunkowego detektora krzemowego. Prędkość cząstek jest mierzona za pomocą systemu pomiaru czasu lotu (TOF), detektora promieniowania przejściowego (TRD) i detektora Cerenkova (RICH).

Pierwotne wysokoenergetyczne elektrony i protony w promieniach kosmicznych powstają podczas przyspieszania w resztkach supernowych. Wtórne elektrony i pozytony są generowane w ośrodku kosmicznym przez relatywistyczne protony i promieniowanie kosmiczne i znajdują się w granicach ziemskiej magnetosfery, która wynosi przypuszczalnie 25 000 km. [8]. Na uwagę zasługuje fakt, że w spektrometrze alfa-magnetycznym AMS-02, rezonansowa maksyma całkowitego spektrum energetycznego elektronów wtórnych oraz

-53-

pozytonom [17, Rys. 16], a także maksymalnym widmom energii otrzymanym oddzielnie dla pozytonów [17, Rys.21] i dla elektronów [17, Rys.22] odpowiada również przedziałowi energetycznemu Wp ≈ 10-100 GeV. Można założyć, że powstawanie nowych cząstek w tym zakresie energii wiąże się z polaryzacją próżni kwantowej (ciemnej materii). Taki obraz jest sprzeczny z pojęciami fizyki klasycznej i wykracza poza ramy Modelu Standardowego (SM). Bezpośrednie eksperymentalne określenie zależności rezonansowej produkcji par N cząstek elementarnych od częstotliwości ν jest prawie całkowicie wytłumione przez współczesną fizykę. Podążając za zwodniczą logiką współczesnej teorii, zależność ta jest rysowana w formie monotonnie rosnącej krzywej. Analiza wyników eksperymentu AMS -02 pozwoliła jednak na ustalenie, że ani widma elektroniczne, ani pozytonowe nie mogą być opisywane przez prawo energetyczne z jednym wykładnikiem w całym badanym zakresie energii [17]. Pracownik Massachusetts Institute of Technology Y. Galaktionov był w stanie wykryć obecność pików energii (maksimum rezonansowe) w całkowitym spektrum elektronów i pozytonów o zewnętrznej energii promieniowania Wp ≈ 25-30 GeV [17]. Może to wskazywać na powstawanie wtórnych par elektronowo-pozytonowych w przestrzeni bliskiej Ziemi, z powodu rozpadu niestabilnych cząstek ciemnej materii. Według Yu.V. Galaktionova, jednym z najważniejszych celów programu badawczego fizyki AMS-02 było wykrycie ciemnej materii w ośrodku blisko-ziemskim w jej przejawach niegrawitacyjnych [17].

3.3 Efekt fotoelektryczny w próżni kwantowej (ciemna materia).

Nowa fizyka reprezentuje próżnię kwantową (ciemną materię) jako trzeci pełny uczestnik zderzeń protonów w LHC, którego obecności zaprzeczają apologeci dominującej 100 lat w fizyce specjalnej teorii względności Einsteina (SRT) [2]. Ze względu na fakt, że w ramach projektów ELI i XCELS natężenie promieniowania laserowego dostępne do eksperymentów wzrosło do 10^{23} W · cm^{-2} i wyższe, możliwe stało się badanie nieliniowych efektów próżni, które do tej pory nie były badane doświadczalnie. Tak więc, na poziomie ultra-wysokich intensywności 10^{26} W · cm^{-2}, efekt rozproszenia impulsu laserowego na wiązkę elektronów o energii 46,6 GeV (nieliniowy efekt Comptona) na akceleratorze liniowym SLAC powoduje takie kaskady kolejnych emisji hard-photon (Wphot=hν), że tworzenie wtórnych par elektron-pozyton w próżni jest reakcją łańcuchową, która trwa do momentu całkowitej utraty energii przez naładowane cząstki. Bardzo przypomina to rozległe natryski atmosferyczne generowane przez cząsteczki kosmiczne [18, 19]. W tym porównaniu obserwacji kosmicznych z wynikami badań laboratoryjnych wykazano głębokie analogie, świadczące co najmniej o jedności fizycznych zasad zachowania się materii w szerokim zakresie gęstości (około 42 rzędów wielkości) i temperatur ($10^{\pm 3}$K).

Być może powstawanie par elektronowo-pozytonowych w próżni jest przejawem niestabilności ciemnej materii. Dzisiaj, zgodnie z wynikami eksperymentów na

-54-

Akcelerator liniowy SLAC, wielu fizyków uważa, że w LHC emisja dżetów w procesach nieelastycznych o dużej mnogości, w tym protonów i antyprotonów, związana jest z ciemną materią [2, 20]. W elektrodynamice kwantowej (QED) nadal nie ma pełnej jasności, jak rozwiązać problem wytwarzania par cząstek elementarnych i antycząstek w próżni pod wpływem działania pól zewnętrznych, opierając się na odpowiednich równaniach Kleina-Gordona-Focka i równaniach Diraca. Dla niektórych z tych pól możliwe jest skonstruowanie odpowiedniej kwantowej teorii pola Diraca, ale ogólnie rzecz biorąc, istnieją trudności nie do pokonania związane z tworzeniem par elektronowo-pozytonowych z próżni, co prowadzi do nieliniowych problemów wielocząsteczkowych.

Profesor A.V. Rykov, opierając się na swojej teorii próżni kwantowej [21], już w 2000 roku uzyskał wartość częstotliwości drgań własnych elementu strukturalnego kosmicznej próżni kwantowej $\nu_r = 4.6911 \cdot 10^{24}$ Hz ($W_r \approx 20$ GeV), zakładając, że w oddziaływaniu elektromagnetycznym struktura dipolowa kosmicznej próżni kwantowej będzie tworzona przez wirtualne pary elektron-pozyton. Według Rykowa, z wielkością elementu strukturalnego kosmicznego medium dipola $r_e = 1,3988 \cdot 10^{-15}$ m, deformacja ostateczna (granica zniszczenia) $dr_e = 1,0207 \cdot 10^{-17}$ m jest powiązana ze stosunkie m $dr_e = \alpha_e r_e$, gdzie $\alpha_e = 0,0072975$ jest stałą struktury drobnoziarnistej. Granica zniszczenia odpowiada zewnętrznej energii fotonu $W_e \geq 1$ MeV (początkowa granica efektu fotoelektrycznego w próżni kwantowej. Wphot = h ν). Deformacja w próżni fizycznej jest mniejsza niż dr powinien mieć charakter elektroelastyczny, a przy wyższych wartościach, deformacja prowadzi do zniszczenia dipola ciemnej materii i stworzenia pary elektron-pozyton [21]. Zakładając, że w oddziaływaniach jądrowych (silne oddziaływanie pomiędzy nukleonami) struktura dipolowa kwantowej próżni jądrowej będzie utworzona przez różne wirtualne piony (π +, π-), profesor A. Rykov obliczył częstotliwość naturalną strukturę dipolową kwantowej próżni jądrowej $\nu'_r = 1,6285 \cdot 10^{26}$ Hz oraz wartość energii, niezbędnej do zniszczenia struktury dipolowej i produkcji rezonansu trzech π-mesonów (π^0, π +, π-) $W'_r \approx 600$ GeV. Według Rykowa, z wielkością elementu strukturalnego dipola kwantowej próżni jądrowej, $r_x = 5,1408 \cdot 10^{-18}$ m, ostateczna deformacja (granica złamania) $dr_x = 1,6356 \cdot 10^{-20}$ m jest powiązana ze stosunkiem $dr_x = \alpha_x r_x$, gdzie $\alpha_x = 0,00318157$ drobna struktura kwantowej próżni jądrowej. Granica złamania odpowiada energii zewnętrznego fotonu $W_x \geq 30$ GeV (początkowa granica efektu fotoelektrycznego wytwarzania π-mezonów w kwantowej próżni jądrowej). Analiza danych doświadczalnych w LHC (2012-2018) rzeczywiście pokazuje obecność pików rezonansowych w widmach energetycznych produkcji cząstek dla energii zderzeń pp $W_r \approx 1MeV$, $W_r \approx 20$ GeV dla par elektron-pozyton w kosmicznej próżni kwantowej oraz $W_r \approx 30$ GeV i $W_r \approx$.

-55-

0,6 TeV dla π-mezonów (π^0, π +, π-) w kwantowej próżni jądrowej. Tak więc profesor AV Rykov, opierając się na analizie efektu fotoelektrycznego, zaproponował strukturę dipolową próżni kwantowej (cząstka i antycząstka) i był w stanie przewidzieć częstotliwość rezonansową (energię) produkcji par elektron-pozyton i π-mezonów pod wpływem promieniowania kosmicznego i relatywistycznych protonów (2000), 15 lat wcześniej niż otrzymano podobne wyniki w doświadczeniach prowadzonych w LHC i detektorze kosmicznym AMS-2 (2011-2016).

4. Wniosek

Teoria ta będzie całkowicie bezużyteczna, jeśli nie będzie poparta odpowiednimi eksperymentami. W odniesieniu do nauki kwantowej, teoria i eksperyment w nim wykazują zbieżność z dokładnością od 6 do 9 znaczących liczb. Unitarna Teoria Kwantowa L. G. Sapogina (UQT) [14] przełamuje nowe schematy w teorii mikrokosmosu, przywracając figuratywność i zdrowy rozsądek wykluczone z fizyki przez przestarzałą zasadę komplementarności Bohra. Znaczący postęp w mechanice kwantowej (zwłaszcza w warunkach stacjonarnych) rozpoczął się od pierwotnej zależności pomiędzy długością fali De Brogliego a właściwościami geometrycznymi potencjałów. Cząstka ta została formalnie uznana za punkt w celu wyjaśnienia funkcji falowej / amplitudy prawdopodobieństwa. Jednak ani hipoteza punktowa, ani zasada komplementarności nie okazały się przydatne do zrozumienia struktury cząstek elementarnych i opracowania teorii pola kwantowego w ramach przyjętego paradygmatu. W standardowym modelu brak jest nawet algorytmu obliczania widma masowego dla cząstek elementarnych. Dziś, wśród ekspertów pracujących przy Wielkim Zderzaczu Hadronów, kwestia zastąpienia paradygmatu, który panował przez sto lat w fizyce, staje się coraz bardziej konkretna [1,4]. Jednocześnie wymóg relatywistycznej inwersji jest biletem wstępu do każdej przyszłej teorii. Nieodwracalne procesy, takie jak narodziny cząstek elementarnych w próżni, próbują wcisnąć się do złoża Procrusteana symetrycznych rozwiązań niezmiennych teorii Einsteina. Nowe modele teoretyczne obejmują nowe rodzaje interakcji, które mogą prowadzić do naruszenia zasady równoważności, zmienności stałych podstawowych oraz łamania symetrii Lorentza. Określa to granice możliwości zastosowania równań niezmiennych ogólnej względności Einsteina w ramach procesów odwracalnych w systemach stacjonarnych. Aby opisać nieodwracalne procesy zachodzące w zmiennych w czasie, nieintegracyjnych systemach, potrzebne są nowe teorie. Nie ma potrzeby daleko posuwać się do przykładów. Nowych odkryć w kosmologii (ciemna energia i ciemna materia)[22], ostatnich eksperymentów w Wielkim Zderzaczu Hadronów [2] i w przestrzeni blisko-ziemskiej z wykorzystaniem kosmicznych detektorów Pamela, Fermi, AMS [8], a także odkrycia zimnej fuzji jądrowej [23] nie da się wyjaśnić z punktu widzenia teorii relatywistycznej Einsteina i mechaniki kwantowej Bohra. Współczesne teorie kwantowe, takie jak Jednolita Teoria Kwantowa (UQT) Lwa Sapogina [12] czy konkurująca z nią Teoria Bajonu (TB) Jurija Baurowa [3], odrzucają przestarzałą zasadę komplementarności Bohra i dają wyobrażenie o wewnętrznej strukturze cząstki elementarnej. Takie podejście pozwoliło na

-56-

Teorie te mają na celu zaproponowanie nowych algorytmów do obliczania widma masowego cząstek elementarnych i teoretyczne obliczenie wartości mas wszystkich cząstek elementarnych, zarówno tych odkrytych eksperymentalnie, jak i tych przewidywanych w przyszłości. Należy zauważyć, że odkrycie zjawiska polaryzacji próżni kwantowej (ciemnej materii) w teoriach elektrodynamiki kwantowej (QED) i chromodynamiki kwantowej (QCD) prowadzi do naruszenia symetrii, praw ochronnych i zakazów w Modelu Standardowym. Udział próżni kwantowej (ciemnej materii) we wszystkich oddziaływaniach powoduje odrzucenie paradygmatu zamkniętego systemu ewolucji i wymaga rewizji wszystkich praw ochronnych i symetrii. Tylko z punktu widzenia nowej fizyki można wyjaśnić zasadę działania i technologię silnika mikrofalowego Rogera Shawyera EmDrive'a, silnika Baurowa i kwantowego silnika antygrawitacyjnego Leonowa, reaktora E-cat Andrei Rossi'ego, generatora Paula Baumana "Testatik machine M/L Converter", Nowego Źródła Energii Leo Sapogina, transmisji skrętnej G. Shipova, systemów Nicola Tesla do bezprzewodowego przesyłania energii i tym podobnych. Prawa zachowania energii i pędu dla tych urządzeń obowiązują tylko w przypadku rozpoznania istnienia kwantowego środowiska o dodatniej gęstości (ciemna materia), które uczestniczy we wszystkich oddziaływaniach w przyrodzie. Materia niebaronowa, która stanowi podstawę medium międzygalaktycznego, jest w stałym oddziaływaniu siłowym z barionową substancją planet i gwiazd, które się z niej rodzą. Ta niebarionowa materia jest głównym źródłem energii dla powstawania w nich nie tylko par elektronowo-pozytonowych, ale także wszelkich innych strukturalnych elementów materii. Ponadto, posiadając charakter wszechobecny, medium to wpływa na wszystkie procesy zachodzące w akceleratorach i zderzakach.

Dzisiaj, przed fizykami jest pytanie: "Który projekt wybrali dla nowego zderzaka?" Gdyby LHC odkryła nową cząstkę poza Modelem Standardowym lub wiarygodnie wskazała jakiś zupełnie nowy efekt, fizycy wiedzieliby, jak zbudować zderzak do badania tego zjawiska. To byłby rozsądny wybór. Teraz fizycy zmuszeni są do dokonania wyboru niemal na ślepo, starając się znaleźć opcję, która byłaby optymalna pod względem czasu, inwestycji finansowych i oczekiwanych skutków naukowych. We wrześniu 2017 r., na 186. sesji Rady CERN-u, utworzono sekretariat Europejskiej Grupy Strategicznej (ESG), nowego organu koordynującego przygotowanie zaktualizowanej strategii europejskiej. Kluczowym zadaniem Europejskiej Grupy Strategicznej jest opracowanie ostatecznego planu programu i przedłożenie go do rozważenia w CERN. Proponuję, aby Europejska Grupa Strategiczna rozważyła ten artykuł, w celu zbadania zupełnie nowego efektu - polaryzacji próżni kwantowej (ciemnej materii) w nowym zderzaku [24]. Do listy zadań nowego zderzaka należy włączyć również badanie piątego podstawowego oddziaływania na podstawie teorii Byuonu Yu.Baurowa oraz na podstawie teorii "fotofobicznego bozonu X" profesora Jonathana Feng'a i badanie cząstek elementarnych na podstawie Unitary Quantum Theory profesora Leo Sapogina [25].

-57-

Jest pytanie: "Jaka powinna być nowa fizyka?" Nie ma jedności w tej kwestii wśród fizyków. Artykuł ten jest zapowiedzią powstania nowej fizyki, w której dozwolone jest "łamanie" praw konserwatorskich w systemach otwartych, zniesiony jest zakaz tworzenia urządzeń o sprawności większej niż 100% i w której dla ludzkości otwiera się niewyczerpane źródło innowacji koncepcyjnych we wszystkich dziedzinach działalności.

PODZIĘKOWANIA

Autor dziękuje za rozmowę profesorowi Leo Sapoginowi

REFERENCJE

1. Roger Barlow, *The Conversation- Has CERN found a particle that 'threatens our understanding of reality'?* -Nauka i technika, 13 listopada (2018)
2.Konstantinov S.I. *Bozon Higgsa i rezonanse w Wielkim Zderzaczu Hadronów* - Physics & Astronomy International Journal, *Volume* 2 Issue 5 (2018)
3. Yu.A. Baurov, Yu.G. Sobolev, F. Meneguzzo, *Fundamental experiments on the detection of the anisotropy of physical space and their possible interpretation,* - M: Bulletin of the Russian Academy of Sciences: Fizyka ISSN, tom 79, nr 7, s. 1047-1052, (2015)
4. Joseph Lykken, Maria Spiropula. Supersymetria i kryzys w fizyce - *Scientific American* N 7-8, (2014).
5.Adornov T.K., Gavrilov S.P., Gitman D.M., Ferreira R. , *Osobliwości produkcji par cząstek w szczytowym polu elektrycznym,* - M: Russian Physics Journal, Vol. 60, No. 3, (2017)
6.Aksenow W.W. , Bez użycia *siły i siły pola magnetycznego*, M: Russian Physics Journal, Vol. 59, No. 3, (2016)
7.Gitman D.M., Gavrilov S.P. *Opis procesów w silnych polach zewnętrznych w ramach teorii pola kwantowego.* - M: Russian Physics Journal, Vol. 59, No. 11, (2016).

8. Konstantinov S.I., *Generacja wtórnych elektronów i pozytonów w bliskim sąsiedztwie Ziemi na podstawie danych z eksperymentów PAMELA, FERMI i AMS (2006-2016)*,- Global Journals Inc. (USA) GJSFR-A, tom 17, wydanie 2, (2017).
9.Kornienko V.N., Cherepenin VA, *Dynamika przepływu wstecznych elektronów w wielofalowych generatorach Cherenkova*, - M.: Biuletyn Rosyjskiej Akademii Nauk: Fizyka, ISSN 1062-8738, Vol.81, No.1, s. 38-40, (2017).
10.Prigogine I.R., Stengers I. *Time, chaos, quantum*,- Moskwa: Postęp, (1994).
11.Trubetskov D.I. *Wprowadzenie do singeretiku. Chaos i struktura* - M: URSS, (2004).
12.Leo G. Sapogin, Yu.A. Ryabov, V.A. Boichenko , *The Unitary Quantum Theory and a New Sources of Energy*. - Science Publishing Group, USA. (2015)
13.Richard Phillips Feynman. *QED: Dziwna Teoria Światła i Materii* - Moskwa: Nauka, (1988)
-58-
14. Leo G. Sapogin, Ryabov Yu.A. *The Mass Spectrum of Elementary Particles in Unitary Quantum Theory and Standard Model*,- Global Journal of Science Frontier Research A, vol.16,Issue 2,Version 1.0, (2016)
15. Shikin V. *Niskoczęstotliwościowe anomalie masy efektywnej klastrów naładowanych ciekłym helem*,- Fizyka niskich temperatur, Tom 39, Nr 10, 2013
16.Dremin I.M. *Kilka nowych odkryć na zderzakach* - Physics-Uspekhi, **61**, (4) (2018)

17. Galaktionov Yu. V., Poszukiwanie *antymaterii i ciemnej materii, precyzyjne badania strumienia promieni kosmicznych na międzynarodowej stacji kosmicznej. Eksperyment AMS. Wyniki czteroletniej ekspozycji.* - Fizyka - Uspekhi, **60**, (1), (2017)
18. *Kaskady kwantowo-elektrodynamiczne z jonizacją atomów* - Fizyka - Uspekhi, **60**, (11), s. 1271, (2017).
19. Narozhniy N.B., Fedotov A.M. *Quantum-electrodynamic cascades in an intense laser field* - Physics - Uspekhi, **58**, (1), str. 103-108, (2015)
20.Polowanie na tajemniczy ciemny foton: eksperyment NA64 (CERN)
21. Rykov A.V. *Podstawy teorii eteru*, - Moskwa: Rosyjska Akademia Nauk, Instytut Fizyki Ziemi, (2000)
22. Konstantinov S.I., The cosmological constant and dark energy: theory, experiments and computer simulations,- Global Journals Inc. (USA) GJSFR-A, tom 16, wydanie 5, 2016.
23. Stanislav Konstantinov *Nuclear Fusion: the management prospects* -Physics & Astronomy International Journal, Volume 2, Issue 6 ,(2018)
24. Stanisława Konstantinowa *Projekt AWAKE i Elektrodynamika Maxwella* - Open Access Journal of Physics Volume 2, Issue 3, 2018, PP 30-34.
25. Sapogin, L.G., Dzhanibekov, W.A., Moкulsky, M.A., Ryabov, Yu.A., Savin, Yu.P. i Utchastkin, W.I., *O konfliktach między Jednolitą Teorią Kwantową a Specjalną i Ogólną Teorią Względności.* - Journal of Modern Physics, 6, s. 780-785, (2015)

IV. Eksperymenty mające na celu weryfikację zasady równoważności

Streszczenie: W artykule dokonano oceny obietnic dotyczących ostatnich eksperymentów grawitacyjno-kosmicznych. Nowe modele teoretyczne obejmują nowe rodzaje interakcji, które mogą prowadzić do naruszenia zasady równoważności, zmienności stałych podstawowych i naruszenia symetrii Lorentza. Określa to granice możliwości zastosowania równań niezmiennych ogólnej względności Einsteina. Efekt naruszenia zasady równoważności może stanowić podstawę do tworzenia nowych technologii pokonywania siły ciężkości (lewitacji).

Słowa kluczowe: masa grawitacyjna; masa obojętna; ciemna materia; próżnia kwantowa; oscylator.

-59-

1. Wprowadzenie

Wiadomo, że praca nad stworzeniem ogólnej względności Einsteina rozpoczęła się od zasady równoważności (PE), w której postulował on, że przyspieszenie grawitacyjne jest nieodróżnialne od przyspieszenia wywołanego siłami mechanicznymi [1]. W konsekwencji, grawitacyjna masa stała się w A. Einsteinie w każdych warunkach równa masie inercyjnej. Galileo w latach 1602-1604, po przeprowadzeniu serii eksperymentów z pochylonymi płaszczyznami i wahadłami, sformułował prawo spadających ciał, które stało się pierwszą empiryczną wersją PE. Newton w swoich "Początkach" w 1687 roku na podstawie swojego drugiego prawa doszedł do wniosku, że siła grawitacji jest proporcjonalna do masy ciała, do którego działa. Jednocześnie Newton wiedział, że masa obojętna m_i, która pojawia się w jego drugim prawie $\mathbf{F} = m_i a$, może różnić się od masy grawitacyjnej mg odniesionej do siły pola grawitacyjnego $\mathbf{F} = mg\ \mathbf{g}$. Rzeczywiście, porównując te dwa równania, otrzymujemy, że $\mathbf{a} = (mg / m_i)$ g i, w zasadzie, ciała o różnych wartościach stosunku (mg / m_i) mogą otrzymać inne przyspieszenie $\mathbf{a}_r$ w tym samym polu grawitacyjnym. Newton sprawdził tę możliwość na prostych wahadłach o tej samej długości, ale o różnej masie i składzie obciążenia, ale nie zauważył żadnych różnic w okresie ich oscylacji. Na tej podstawie stwierdził, że wartość (mg / m_i) jest stała i przy odpowiednim doborze układu jednostek, stosunek ten można zredukować do jedności, czyli $(mg / m_i) = 1$. W 1899 r. decydujące, liczne eksperymenty R. von Eötvös pokazały równość mas inercyjnych i grawitacyjnych do wewnątrz 10^{-9}.

Einstein podniósł tę równość do poziomu wiodącego postulatu w swoich próbach wyjaśnienia zarówno przyspieszenia elektromagnetycznego jak i grawitacyjnego przez te same prawa fizyczne. Zasada ta przewiduje to samo przyspieszenie dla ciał o różnym składzie w tym samym polu grawitacyjnym i pozwala na uznanie grawitacji za właściwość geometryczną czasoprzestrzeni, co prowadzi do interpretacji grawitacji z pozycji Ogólnej Teorii Względności Sprawdzenie zasady równoważności może być przeprowadzone poprzez porównanie przyspieszenia swobodnego spadku α_r różnych ciał testowych. Gdy ciała znajdują się w tej samej odległości od źródła grawitacji, wyrażenie dla PE nabiera zwartej formy:

$$\frac{\Delta\alpha}{\alpha} = \frac{2(\alpha 1-\alpha 2)}{\alpha 1+\alpha 2} = \left[\frac{mg1}{m_i 1}\right] - \left[\frac{mg2}{m_i 2}\right] = \Delta\left[\frac{mg}{m_i}\right] \quad (1)$$

Istnieją dwa sformułowania zasady równoważności - słaba i silna forma PE. Słaba forma PE zapewnia, że właściwości grawitacyjne oddziaływań silnych i elektroweakowych są zgodne z PE. W tym przypadku ciała doświadczalne składają się z różnych materiałów o różnych wiązaniach jądrowych, o stosunku liczby

neutrony do protonów, ładunki atomowe, i tak dalej. Równość mas grawitacyjnych i inercyjnych oznacza, że różne ciała neutralne będą miały takie samo przyspieszenie swobodnego spadku w zewnętrznym polu grawitacyjnym.

Obecnie najdokładniejszy wynik w badaniu słabej formy PE należy do eksperymentu kosmicznego "MicroSCOPE" [3]. Naukowcy z francuskiego centrum badań lotniczych ONERA i obserwatorium na Lazurowym Wybrzeżu w ramach eksperymentu przeprowadzonego na satelicie MICROSCOPE przeprowadzili test PE z rekordową dokładnością $\Delta \sim 10^{-14}$ [3]. Na pokładzie satelity znajdowały się dwa puste, współosiowe cylindry, swobodnie zawieszone w nieważkości. Wewnętrzny cylinder jest wykonany ze stopu platyny i rodney, a zewnętrzny jest wykonany ze stopu tytanu, aluminium i wanadu. Dla kontroli istniał drugi taki sam system, ale z cylindrami z tego samego materiału (stop Pt i Rh). Za pomocą czujników elektrostatycznych zmierzono siły niezbędne do utrzymania nieruchomych cylindrów wewnętrznych i zewnętrznych względem siebie. Obecność sygnału, który był modulowany z częstotliwością obrotową satelity wskazywałaby na naruszenie PE. Nie stwierdzono takiego naruszenia i parametr Eötvös został ograniczony do δ (Ti, Pt) = [-1 ± 9 (stat.) ± 9 (syst.)] $\times 10^{-15}$. W wyniku tego rząd wielkości poprawił poprzednie ograniczenie i został rozszerzony na ciała o rozmiarach planetarnych. Dokładność tych danych jest wystarczająco wysoka, aby potwierdzić, że oddziaływania silne, słabe i elektromagnetyczne dają taki sam wkład w grawitacyjną i obojętną masę ciała. GRT i inne teorie grawitacji metrycznej uważają, że słaba forma PE jest prawidłowa, jednak wiele rozszerzeń Modelu Standardowego zawierającego makroskopowe pola kwantowe przewiduje naruszenie słabej formy PE [1,4]. W artykule [4] Yu.A. Baurov pokazał, że część masy cząstki elementarnej jest proporcjonalna do modułu jakiegoś całkowitego potencjału $\bar{A}\Sigma$. Zmiana w module $\bar{A}\Sigma$ ze względu na potencjały innych pól ($\Delta\bar{A}\Sigma$) powinna doprowadzić do pojawienia się nowej siły natury (piąty rodzaj interakcji), która ma charakter nieliniowy i nielokalny. Może być reprezentowany przez niektóre serie w $\Delta\bar{A}\Sigma$. W tym przypadku pierwszy człon serii w rozkładzie w $\Delta\bar{A}\Sigma$ ma postać ~ $\Delta\bar{A}\Sigma$ - $\partial\bar{A}\Sigma / \partial x$, gdzie x jest współrzędną przestrzenną w przestrzeni trójwymiarowej R3 [4].

Zasada silnej równoważności jest rozszerzona o właściwości grawitacyjne, które wynikają z jego własnej energii grawitacyjnej, czyli nieliniowych właściwości grawitacji. Ze względu na skrajną słabość grawitacji, ciała testowe do testowania silnej zasady grawitacji muszą mieć wymiary astronomiczne. Do tej pory system Earth-Moon-Sun wydaje się być najlepszym modelem w układzie słonecznym do testowania silnego kształtu PE. Eksperymenty dalmierza laserowego Księżyca (LRM) były związane z odbijaniem wiązek laserowych od szeregu reflektorów kątowych.

zamontowanych na księżycu przez astronautów z programu Apollo i radzieckich łazików księżycowych.

Najnowsze dane doświadczalne pozwoliły ustalić, że możliwa nierówność w odniesieniu do mas grawitacyjnych i bezwładnościowych dla Ziemi i Księżyca ma wartość (0,8 ± 1,3) × 10^{-13} i chociaż GRT uważa, że PE jest w formie silnej nie jest naruszony, alternatywne teorie grawitacji wykorzystujące pola skalarne przewidują naruszenie silnego PE [1]. Dla układów nierównowagowych, gdy zachodzą nieodwracalne procesy, pojawia się piąte oddziaływanie, związane z oddziaływaniem pola skalarnego próżni kwantowej (ciemnej materii). W tym przypadku wartość masy inercyjnej ciała zaczyna się różnić od wartości masy grawitacyjnej, co prowadzi do naruszenia zasady równoważności. Artykuł traktuje o naruszeniu zarówno słabego, jak i silnego PE. W tym przypadku naruszenie słabego wychowania fizycznego wykazano na przykładzie eksperymentów laboratoryjnych Kozyriewa i Dmitriewa, a silne wychowanie fizyczne na przykładzie układu nierównowagowego Słońca - Merkurego. W przeciwieństwie do układu równowagi Ziemia - Księżyc - Słońce, uważanego za najlepszy model w układzie słonecznym do badania silnej formy PE związanej z eksperymentami laserowymi dalekiego zasięgu Księżyca (LRM) Δ (m_g / m_i) ~ 10^{-13}, układ równowagi Słońce - Merkury umożliwił ustalenie różnicy w stosunku mas grawitacyjnych i inercyjnych dla Merkurego na poziomie około 1% lub $\Delta (mg / m_i) \sim 10^{-2}$.

Należy zauważyć, że chociaż PE miał wielki wpływ na rozwój ogólnej względności, nie można go nazwać podstawową zasadą względności; dlatego w ramach tego artykułu ograniczymy się do określenia granic ogólnej względności związanej z PE, a dotyczy to eksperymentów związanych z aktywnym wpływem na układ od zewnątrz, od strony próżni kwantowej (ciemnej materii). W oparciu o badanie PE dla obiektów biorących udział w nieodwracalnych procesach w układach równowagi, których opis nie jest możliwy za pomocą równań niezmiennych ogólnej względności Einsteina, możliwe było wyznaczenie granic stosowalności ogólnej względności, w ramach których obowiązuje zasada równoważności.

2. Nieustanne i gwałcące silny PE Keplera dla planety Merkury

Johannes Kepler sformułował swoje prawa mechaniki niebieskiej na podstawie analizy wieloletnich obserwacji astronomicznych Tiho de Braga w latach 1609-1619. Takie są prawa:

1. Wszystkie planety poruszają się na eliptycznych orbitach, z których jednym z ognisk jest Słońce;

2. Obszar opisany przez wektor promieniowania planet jest proporcjonalny do czasu;

-62-

3. Kwadraty okresów rotacji planet odnoszą się do siebie jako sześciany swoich dużych półosi orbit eliptycznych, wzdłuż których obracają się one wokół Słońca [5].

Za pomocą praw Keplera możliwe jest określenie eliptycznej orbity każdej planety Układu Słonecznego lub satelity Ziemi i wszystkich jej parametrów. W tym przypadku, analizując trzecie prawo, można uzyskać stałą Keplera (K) i obliczyć jej wartość dla wszystkich planet Układu Słonecznego:

$$K = \frac{R^3}{T^2} \qquad (2)$$

gdzie R to średnia odległość od centrum planety do centrum Słońca,

T to czas całkowitej rewolucji planety wokół Słońca.

Isaac Newton pięćdziesiąt lat później otrzymał trzecie prawo Keplera, jako konsekwencję prawa grawitacji uniwersalnej i drugiego prawa dynamiki, wprowadzając do przestrzennego modelu wszechświata siły grawitacji i bezwładności. To było genialne potwierdzenie poprawności teorii grawitacji Newtona.

$$K = GM\frac{m\,g}{m\,i} = \frac{R^3}{T^2}.\quad (3)$$

gdzie
m g. to grawitacyjna masa planety, oddziałująca z Słońcem, masa M, wytwarza grawitacyjną siłę odśrodkową;
m i. to masa inercyjna planety. Obraca się on wokół okręgu o promieniu R i wytwarza siłę odśrodkową odpychania,
R to odległość od centrum planety do centrum Słońca,
T to okres rotacji planety wokół Słońca,
G to stała grawitacyjna,
K to stała Keplera.

Należy zauważyć, że równanie Newtona i prawo Keplera są identyczne tylko pod warunkiem istnienia stacjonarnego ruchu inercyjnego systemów. Ruch ciał testowych zgodnie z prawami Keplera jest tylko przyspieszonym, ale inercyjnym ruchem - ruchem ciał wzdłuż trajektorii lotu, w którym to ruchu zasada równoważności jest spełniona i mają zastosowanie równania ogólnej względności. [6]. Jednocześnie wpływ na ruch planet na orbitach z zewnątrz (od strony ciemnej materii) jest minimalny. Jednakże, aby opisać trajektorie nieinercyjne, gdy badane ciało przechodzi w stan równowagi, równania niezmienne ogólnej względności nie są stosowane prawidłowo. W tym przypadku naruszona zostaje zasada równoważności mas. A równanie Newtona może być użyte. To jest łatwe do

-63-

udowodnić poprzez porównanie wartości stałej Keplera dla Merkurego i planet z grupy ziemskiej (Wenus, Ziemia, Mars). Johannes Kepler obliczył wartość stałej K dla 8 planet:

Ziemia, Wenus, Mars $K = 3{,}35 - 10^{24}\ km^3 \cdot year^{-2}$

Saturn, Jupiter, Uran $K = 3{,}34 - 10^{24}\ km^3 \cdot year^{-2}$

Merkury, Pluton $K = 3{,}33 - 10^{24}\ km^3 \cdot year^{-2}$

Zauważ różnicę w znaczeniu stałej Keplera. Dla planet z grupy lądowej, obracających się po stabilnych, lekko zaburzonych orbitach K = 3,35, oraz dla Merkurego, którego orbita podlega silnym zaburzeniom ze względu na bliskość Słońca, wartość K = 3,33, czyli o 1% mniej. Ponieważ masa Słońca (M) i stała grawitacyjna (G) dla wszystkich planet we wzorze (3) jest niezmieniona, to różnicę w wartości K można wyjaśnić jedynie nierównością stosunku masy grawitacyjnej do masy inercyjnej, czyli naruszeniem zasady równoważności:

$$\left[\frac{mg\ \text{Ziemia}}{m_i\ \text{Ziemia}}\right] \neq \left[\frac{mg\ \text{Merkury}}{m_i\ \text{Merkury}}\right]; \quad \Delta(mg / m_i) \sim 2\text{-}1\ 0^{-2} \quad (4)$$

Rozwój teorii superpłynnych mediów umożliwił nam rozważenie przejść fazowych w modelach ciemnej materii, podobnych do przejść fazowych w superpłynnym ^{3}He-B. W swoim modelu nadpłynnej próżni fizycznej, L. Boldyreva znacznie rozszerzyła analogię pomiędzy właściwościami nadpłynu ^{3}He-B i ośrodka kosmicznego (ciemnej materii), głównie dzięki włączeniu właściwości wirów: wirowej i elektrycznej polaryzacji ośrodka w wirach, inercyjnych właściwości wirów i nadpłynnych prądów wirowych pomiędzy nimi [7]. Być może przyczyną wzrostu masy inercyjnej jest zaburzenie ciemnej materii spowodowane brakiem równowagi w stanie Merkurego podczas poruszania się po orbicie, gdy wektor prędkości planety stale się zmienia, tworząc wiry w ośrodku. Ciśnienie w obszarze wiru utworzonego za planetą będzie niższe, co z kolei spowoduje wzrost oporu i w rezultacie dodatkowe pole inercyjne [8]. Chociaż rozszerzenie analogii pomiędzy fizyką materii skondensowanej (nadpłynnej ^{3}He-B) a kosmologią wskazuje na możliwość nierozpraszającego ruchu ciał niebieskich w ruchu laminarnym, to jednak w ruchu turbulentnym decydującym czynnikiem jest stosunek oporu tarcia do oporu ciśnienia, opisany liczbą Reynoldsa (Re). Im większy jest Re, tym większa jest rola oporu i tym bardziej zakłócony jest stan równowagi systemu. Laureat Nagrody Nobla Ilya Prigozhin nazwał ten efekt "aktywnym".

wpływ na system z zewnątrz, z przejściem systemu w stan nierównoważny." W pracy "Czas chaosu, kwant" I. Prigozhin napisał: "W stabilnym stanie stacjonarnym aktywny wpływ na system z zewnątrz jest znikomy, ale może stać się bardzo znaczący, jeśli system wejdzie w stan nierównowagi. W tym samym czasie system staje się nieintegrowalny, czas traci właściwość inwazji, a jego zachowanie ma charakter probabilistyczny" [9]. Tak więc, badając nierównoważny system Merkury-Słońce, można stwierdzić, że zasada silnej równoważności naruszyła planetę Merkury i wyznaczyła granice ogólnej względności w ramach, systemów równowagi Księżyc-Ziemia-Słońce. Do nich, najwyraźniej, można dołączyć planety lądowej grupy Wenus i Marsa.

3. Obliczenie ruchu periheliona Merkurego i błąd Einsteina

Teoria ta jest całkowicie bezużyteczna, jeśli nie zostanie potwierdzona przez eksperyment. Od czasów Einsteina do weryfikacji wiarygodności teorii grawitacji stosowano obliczenia ruchu periheliona Merkurego. Od dawna wiadomo w astronomii, że z powodu bliskości Słońca i pod wpływem grawitacji innych planet, Merkury porusza się nie tylko po elipsie, ale i po elipsie, która sama powoli obraca się w 575" w ciągu stu lat. Jest to nienormalna precesja dla planet układu słonecznego. Korekty wyliczone na podstawie teorii Newtona dały rotację perihelionu 532". Uważa się, że pozostała wartość 43" nie może być wyjaśniona w ramach teorii Newtona. To nie do końca prawda. Słońce wykonuje pełny obrót wokół swojej osi w ciągu około 30 dni. W związku z tym, będzie on koniecznie lekko oblany (jak Ziemia). Wtedy pole grawitacyjne Słońca będzie zależało od kąta (nie ma tu symetrii sferycznej), a trajektoria Merkurego z konieczności będzie skręcać. Trudno powiedzieć, że ten offset będzie 43", ale na pewno będzie [10]. W 2015 r. obliczenie precesji perihelionu orbity Merkurego w ramach prawa powszechnej grawitacji Newtona przeprowadził współpracownik naukowy Rosyjskiej Akademii Nauk N.W. Kuprijajew [11]. Obliczenia zostały przeprowadzone ze zwiększoną dokładnością i z krokiem iteracyjnym 0,0005 s. N.V. Kupryaev wykazał, że średnia precesja periheliona orbity Merkurego przez 100 lat w ramach prawa powszechnej grawitacji Newtona wynosi + 553". Jest to więcej o 21" od ogólnie przyjętej wartości + 532", ale mniej o 22' od obserwowanej wartości + 575". Dowodzi to, że w ramach prawa powszechnej grawitacji uzyskuje się najbardziej wiarygodne dane dotyczące

-65-

precesja periheliona Merkurego.

W 1915 r. A. Einstein obliczył precesję periheliona orbity Merkurego i uzyskał oczekiwaną wartość 43", używając polowych równań ogólnej względności [2], stał się jego triumfem. Jednak w 2013 roku okazało się, że Einstein popełnił błąd w swoich obliczeniach. Florentin Smarandach USA, który można nazwać Requiem dla Specjalnych i Ogólnych Teorii Względności [12]. Zawiera on 21 artykułów, z których jeden pochodzi ze Stanów Zjednoczonych i jeden z Rosji, a reszta z Chin. Kolekcję otwiera artykuł chińskiego matematyka akademika Hua Di "The explanation of the motion of the perihelion of Mercury by Einstein" [12, s. 5]. Naukowiec Hua Di wykazał, że Einstein, obliczając precesję perihelionu orbity Merkurego, popełnił rażący błąd w integracji. W związku z tym wynik wynosił 71,5", a nie 43". W tej historii niepokojące jest to, że w niektórych późniejszych wydaniach pracy Einsteina we wzorze (3) współczynnik 0,5 pojawia się w nawiasach kwadratowych przed całką, a wynik obliczeń staje się bliższy 43" [12].

Na ruch planet układu słonecznego, a w szczególności na anormalną precesję perihelionu Merkurego, może mieć wpływ skalarne pole próżni kwantowej (ciemnej materii). Arthur Eddington w swojej książce "Przestrzeń, czas, grawitacja" zauważa, że podczas jednego obrotu planety jej orbita zmienia się w ułamek całkowitego obrotu, równy ułamkowi:

$$d = 3 \frac{v^2}{c^2} \quad (5)$$

gdzie v jest prędkością orbitalną planety

Wynik ten, z dokładnością do jednej sekundy kątowej, odpowiada obserwacjom astronomicznym [13]. Stosunek (5) podany przez Eddingtona musi być związany z nowym piątym oddziaływaniem i naruszeniem zasady równoważności, ponieważ prędkość orbitalna Rtęci zależy od zewnętrznego działania próżni kwantowej (ciemnej materii) [4,8].

4. Eksperymenty

4.1 Eksperymenty Kozyriewa i Rykowa w zakresie naruszania słabego wychowania fizycznego

W artykule profesora N.A. Kozyriewa "O możliwości zmniejszenia masy i ciężaru ciał pod wpływem właściwości aktywnych czasu" [14] przedstawiono zmianę masy inercyjnej ciał oraz naruszenie PE w procesach nieodwracalnych towarzyszących absolutnie nieelastycznym zderzeniom ciał. Inelastyczne uderzenie

-66-

jest możliwe tylko w przypadku, gdy istnieje proces restrukturyzacji struktury ciała, absorbujący jego energię mechaniczną. Proces restrukturyzacji wewnętrznej struktury ciał musi rozwijać się przy aktywnym udziale z zewnątrz od strony materii ciemnej i wpływać na wartość masy obojętnej ciał. Eksperymenty Kozyriewa wykazały, że kiedy ciała są uderzane nieodwracalną deformacją, ich waga zmniejsza się. W tym przypadku spadek wagi nie znika natychmiast po zakończeniu procesu zderzenia, lecz pozostaje i zmniejsza się stopniowo wraz z czasem relaksu rzędu 15-20 min. W doświadczeniach z uderzeniem elastycznego korpusu (kuli stalowej) w płytę nieelastyczną (płytę ołowianą) ciężar zmieniał się tylko w zdeformowanym korpusie. Oczywiście spadek masy ciał po zderzeniu nieelastycznym nie następuje z powodu zmniejszenia ilości materii, ale z powodu zmniejszenia masy inercyjnej, czyli współczynnika przyspieszenia w drugim prawie Newtona ($F = m_i\alpha$). Wniosek ten wynika z uznania aktywnego udziału ośrodka (próżnia kwantowa) oraz prawa zachowania pędu.

W 2003 roku pracownik Rosyjskiej Akademii Nauk A.W. Rykow zmodyfikował eksperyment N.A. Kozyriewa na nieelastycznym zderzeniu ciał [15]. Do eksperymentu włączył kalorymetr i ołowiową kulę o wadze 1 kg, która swobodnie wpada do kalorymetru z wysokości trzech metrów. Okazało się, że ilość energii uwolnionej podczas hamowania ołowianej kuli wokół stalowego dna kalorymetru jest znacznie większa od obliczonej wartości, którą kula powinna była otrzymać podczas swobodnego spadania z danej wysokości:

$$W = Mgh \quad (6\ )$$

gdzie masa kuli M = 1 kg, przyspieszenie grawitacji g = 9,82 m/s², wysokość h = 3 m. Wartość uwolnionej energii dla nieelastycznego zderzenia kuli na dnie kalorymetru powinna wynosić W = 29,46J. Ponieważ ołów ma małą pojemność cieplną 140 J / (kg.gradientów), ciepło wytwarzane przez uderzenie kulki w dno kalorymetru jest bardziej efektywne w podnoszeniu temperatury kalorymetru stalowego o pojemności cieplnej 400 J / (kg.gradientów). Przy uderzeniu, temperatura kalorymetru z kulą powinna wzrosnąć o $\Delta t^0 = 29{,}46 / 400 = 0{,}074$, ale wzrost temperatury wyniósł $\Delta t^0 = 0{,}74$, czyli dziesięciokrotność obliczonej temperatury. Rykov wyjaśnił nadmiar energii uwalnianej przez aktywny udział próżni kwantowej (ciemnej materii) w układzie "kalorymetr-piłka" w trakcie nieodwracalnego procesu deformacji kuli ołowiowej przy uderzeniu w dno kalorymetru [15].

-67-

4.2 Zależność masy inercyjnej korpusu i naruszenia PE od prędkości obrotowej wirników i częstotliwości oscylacji oscylatorów mechanicznych w eksperymentach Dmitriewa [16].

W przeciwieństwie do "geometrycznego" konceptu grawitacji A. Einsteina, profesor A.L. Dmitriev wyznaje "polowy" koncept grawitacji, który pozwala na opisywanie oddziaływań grawitacyjnych ciał w sposób podobny do oddziaływań elektrycznych i magnetycznych. W tym przypadku pola grawitacyjne powinny mieć właściwości podobne, ale nie identyczne z właściwościami pól elektromagnetycznych. Koncepcja "pola" grawitacji nie stoi w sprzeczności z innymi eksperymentalnie uzasadnionymi podejściami do opisu zjawiska grawitacji i inercji, w szczególności, na przykład, do niektórych modeli wykorzystujących próżnię kwantową (ciemną materię). Idąc dalej, Dmitriev w swoich eksperymentach rozważał reakcję grawitacji zastosowanej do ciała, na jego przyspieszenie α, spowodowane działaniem zewnętrznych sił niegrawitacyjnych. Eksperymenty przeprowadzono w celu oszacowania anizotropii masy ciała inercyjnego poprzez porównanie okresu drgań własnych liniowego oscylatora mechanicznego z pionową i poziomą orientacją jego osi. W swoim modelu, opisując wpływ oscylacji pionowych badanego ciała na jego średnią masę,

Dmitriev wprowadził zmienną w czasie wartość normalnego przyspieszenia grawitacyjnego g_0 (t). Obliczenia pokazują, że nawet dla małych (setnych procenta) oscylacji o wielkości normalnego przyspieszenia ziemskiej grawitacji, masa oscylatora mechanicznego może się znacznie różnić. Masa oscylatora zmienia się okresowo z częstotliwością, a znak i wielkość takich zmian zasadniczo zależy od różnicy fazowej Θ oscylacji oscylatora i przyspieszenia grawitacji Ziemi. Przy wysokich częstotliwościach drgań oscylatora, średnia waga oscylatora jest monotonnie zależna od jego częstotliwości drgań, a wpływ fazy Θ jest nieistotny. Taki spadek masy oscylatora przy wysokich częstotliwościach drgań jest w dobrej zgodzie z zależnością masy ciała od temperatury, ponieważ częstotliwość drgań termicznych mikrocząsteczek ciał stałych jest bardzo wysoka i leży w obszarze hipersound [17]. Dmitriev przeprowadził pomiary wartości chwilowego przyspieszenia swobodnego spadku zamkniętego pojemnika z zamocowanym w nim wirnikiem mechanicznego żyroskopu próżniowego. Wirnik mechaniczny to układ mikrocząstek, które tworzą ciało stałe poruszające się szybko po okrągłej trajektorii. Promień wirnika użytego w eksperymencie wynosi R = 140 mm. Przy częstotliwościach oscylatora kilkadziesiąt razy wyższych od częstotliwości drgań własnych przyspieszenia normalnego grawitacyjnego F = 600 Hz, spełniona jest monotoniczna zależność częstotliwościowa zmiany Δg średniej wartości przyspieszenia swobodnego spadku, przy czym znak Δg jest bezpośrednio wyznaczony przez różnicę fazową Θ oscylacji, przyspieszenie grawitacyjne

Ziemia i oscylator. Możliwe jest zarówno znaczne zwiększenie jak i zmniejszenie średniej grawitacji działającej na oscylator mechaniczny od strony zmiennego pola grawitacyjnego Ziemi. Profesor AL Dmitriev uważa, że niezależne pomiary widm o wysokiej częstotliwości (zakres setek tysięcy Hz) wahań przyspieszenia grawitacji Ziemi, wykonywane za pomocą nadprzewodnikowych grawimetrów, pozwolą nam określić reżimy dopasowanych oscylacji oscylatora, w których zmiany jego średniej wagi mogą powodować lewitację lub przeciwnie, gwałtowny wzrost wagi. Efekt ten może być podstawą do stworzenia systemów technicznych do pokonywania siły grawitacji i nowej zasady sterowania ruchem ciał [18]. W tym względzie chcę przypomnieć wiarygodne historycznie fakty lewitacji włoskiego mnicha Giuseppe Desa (1603-1663) i mniszki z Avila Siostry Teresy (1520-1580). Wpadając w religijną ekstazę, oboje wielokrotnie wbrew swojej woli oderwali się od Ziemi i zawisnęli na wysokości kilku metrów i powyżej. W tym samym czasie ich ciała wibrowały z określoną częstotliwością reprezentującą analogię do fizycznego oscylatora. W tym miejscu chciałbym zauważyć, że ten sam efekt może dzisiaj spowodować katastrofy technogeniczne. Doświadczalnie zauważono, że po osiągnięciu granicznej prędkości obrotowej wirników silników elektrycznych i turbin, w wielu przypadkach dochodzi do samoczynnego przyspieszenia tarcz i poruszając się pionowo wzdłuż osi obrotu, wyłamują się one z podpór i odlatują z urządzenia. Podobny wypadek miał miejsce 17 sierpnia 2009 roku w elektrowni wodnej Sayano-Shushenskaya. Turbina drugiego bloku hydroelektrycznego nagle zaczęła się obracać z prędkością hipersoniczną, co doprowadziło do zniszczenia śrub mocujących, zniszczenia pomieszczenia i śmierci 75 osób.

5. Wniosek

Można więc argumentować, że "geometryczny" koncept grawitacji A. Einsteina wymaga korekty. Na podstawie koncepcji "pola" grawitacji można stwierdzić, że w stabilnym stanie stacjonarnym, aktywny wpływ na system z zewnątrz jest znikomy, ale może stać się bardzo znaczący, jeśli system wejdzie w stan równowagi. Co więcej, system staje się nieintegrowalny, naruszane są słabe i silne zasady równoważności, a czas traci własność inwazyjności [9]. To określa granice stosowalności równań niezmiennych Ogólnej Teorii Względności Einsteina. Fizyczna natura sił bezwładności jest inna niż grawitacja, chociaż jest z nią związana. Masa inercyjna jest proporcjonalna do masy grawitacyjnej i wynika z oddziaływania sił grawitacyjnych i elektromagnetycznych przyłożonych do ciała (indukcja grawitacyjna) [16]. Jeśli współdziałanie

-69-

siły grawitacyjne i elektromagnetyczne były nieobecne, masa inercyjna byłaby równa zero. Sytuacja ta jest zgodna z zasadą Macha, zgodnie z którą inercja materii jest zdeterminowana przez środowisko. Zwiększenie dokładności pomiarów w prowadzonych dziś eksperymentach [3], w celu weryfikacji zasady równoważności, nie może radykalnie zmienić obrazu. Nie ma wątpliwości, że naruszeniu zasady równoważności towarzyszy naruszenie prawa o oszczędzaniu energii. Fakt ten powinien być decydujący w metodologii nowych eksperymentów. W tym przypadku ustawa o oszczędzaniu energii jest wykonywana w systemie otwartym z udziałem próżni kwantowej (ciemna materia).

REFERENCJE

1. Turyshev S.G. *Badania doświadczalne ogólnej względności: najnowsze postępy i przyszłe kierunki* -Fizyka-Uspekhi, Tom 52, Numer 1, (2009)
2. Einstein A. *Zebrane dokumenty Alberta Einsteina* - Uniwersytet Princeton
3. Wiadomości z dziedziny fizyki w Internecie, *Sprawdzanie zasady równoważności* - Physics-Uspekhi, tom 61, nr 1, s.88, (2018)

4. Yu.A. Baurov, Yu.G. Sobolev, F. Meneguzzo, *Fundamental experiments on the detection of the anisotropy of physical space and their possible interpretation* - Bulletin of the Russian Academy of Sciences: Fizyka ISSN, Vol.79, No.7, (2015)
5. Fizyka kosmosu, Moskwa: "Soviet Encyclopedia", (1986)
6. Zhotikov V.G. *Zasady Relatywności i Ukrytych Symetrii Ruchu Materii.* - Moskwa: Fizyka inżynierska nr 1 (2016)
7. Boldyreva L.B. *Co daje fizyce wzmocnienie fizycznej próżni z właściwościami superpłynu ^{3}He-B?* - Moskwa . : URSS, (2011).
8. Konstantinov S.I., *Dynamic Parameters of the Space Environmenment*- Global Journals Inc. (USA) GJSFR-A, tom 14, wydanie 7, (2014).
9. Prigogine I.R., Stengers I. *Time, chaos, quantum*, - Moscow: Postęp, (1994).
10. Sapogin, L.G., Dzhanibekov, W.A., Moкulsky, M.A., Ryabov, Yu.A., Savin, Yu.P. i Utchastkin, W.I., *O konfliktach między Jednolitą Teorią Kwantową a Specjalną i Ogólną Teorią Względności.* - Journal of Modern Physics, 6, s. 780-785, (2015).
11. Kuprijajew N.V. *Obliczenia precesji perihelionu orbity Merkurego w ramach prawa grawitacji Newtona* - Russian Physics Journal, Vol. 58, N1, (2015).
12. Florentin, S. (2013) *Unsolved Problems in Special and General Relativity. Education Publishing* & Journal of Matter Florentin, S. (2013) Unsolved *Problems in Special and General Relativity.* Education Publishing & Journal of Matter Regularity, Beijing (2013)
13. Eddington, A. , Przestrzeń, *czas i grawitacja.* Moskwa: URSS., (2003)
14. Kozyriew N.A. *Wybrane dzieła,* - Leningrad: Uniwersytet Państwowy w Leningradzie, (1991)

-70-

15. Rykov A.V. *Środowisko i substancja Wszechświata* - Moskwa: Rosyjska Akademia Nauk, Instytut Fizyki Ziemi, (2003).
16. Dmitriev A.L. *Grawitacja eksperymentalna* - SPb . : Renome (2014)
17. Dmitriev A. L. & Bulgakova S. A. Negative *Temperature Dependence of Gravity - A Reality* // Proc. WASET. (2013). Wydanie 79, P. 1560-1565.
18. Dmitriev A. L. *Fizyczne uzasadnienie możliwości sztucznej zmiany masy ciała* // Physics Procedia. (2012). Vol. 38, P.150-163.

V. Bozon Higgsa i rezonanse w Wielkim Zderzaczu Hadronów

Streszczenie: W artykule przedstawiono eksperymentalne odkrycia uzyskane ostatnio w Wielkim Zderzaczu Hadronów (LHC) oraz w spektrometrze alfa-magnetycznym AMS-02, który został umieszczony na Międzynarodowej Stacji Kosmicznej (ISS). Aby wyjaśnić ich wyniki, proponuje się rozważyć polaryzację próżni kwantowej (ciemnej materii) i rezonanse towarzyszące powstawaniu cząstek niestabilnych, w tym ciężkie rezonanse bozonu Higgsa, w zderzeniach wiązek protonów relatywistycznych. W związku z tym konieczne jest ponowne rozważenie modelu standardowego.

Słowa kluczowe: próżnia, ciemna materia, proton, elektron, pozyton, rezonans, masa, energia.

1. Wprowadzenie

Doświadczalne odkrycia dokonane ostatnio w Wielkim Zderzaczu Hadronów (LHC) obejmują odkrycie bozonu Higgsa, zwiększenie przekroju poprzecznego oddziaływania protonów przy wzrastającej energii oraz zwiększenie frakcji procesów rozpraszania sprężystego w przedziale energii Wp ~ 100 GeV - 13 TeV, czyli efekt zwiększenia stabilności protonów, a także emisję dżetów w procesach nieelastycznych o dużej wielości [1]. Najbardziej uderzające jest to, że przedział energii rezonansowego protonu w LHC, w którym obserwuje się największe prawdopodobieństwo nieelastycznych zderzeń protonów i powstawania nowych cząstek, odpowiada przedziałowi energii Wp ≈ 10-100 GeV [1, Rys. 2], jednak wraz ze wzrostem energii relatywistycznych protonów wzrasta efekt ich stabilności po zderzeniu [1]. Na uwagę zasługuje fakt, że w spektrometrze alfa-magnetycznym AMS-02, maksymalne wartości rezonansowe całkowitego spektrum energetycznego elektronów wtórnych i pozytonów [2, Rys. 16], a także maksymalne wartości widm energii otrzymane osobno dla pozytonów [2, Rys. 21] i dla elektronów [2, Rys. 22] odpowiadają również przedziałowi energetycznemu Wp ≈ 10-100 GeV. Można założyć, że powstawanie nowych cząstek w tym zakresie energii wiąże się z polaryzacją próżni kwantowej (ciemnej

sprawa). Taki obraz jest sprzeczny z pojęciami fizyki klasycznej i wykracza poza ramy Modelu Standardowego (SM). Ostatnie eksperymentalne odkrycia w LHC czekają na wyjaśnienie. Ich interpretacja jest trudna, ponieważ wszystkie obserwowane efekty w LHC są związane z manifestacją silnych sił oddziaływania i powinny być opisane przez kwantową dynamikę chromosomową (QCD). Obecnie w fizyce teoretycznej stosuje się metodę teorii zaburzeń, w której rozprężenia w szeregach mocy wykonywane są w odniesieniu do stałej sprzężenia w przypadku jej małych wartości. Metoda ta nie nadaje się jednak do opisywania wytwarzania cząstek w tzw. "miękkich" zdarzeniach oddziaływania z małymi transmitowanymi impulsami, dla których stała sprzęgania jest wystarczająco duża. W interpretacji danych eksperymentalnych na temat takich zdarzeń zazwyczaj wykorzystuje się modele o wielu regulowanych parametrach. W rezultacie prognozy modeli stają się mniej pewne i nie dość wiarygodne. Artykuł oferuje inną interpretację "miękkich" zdarzeń powstawania niestabilnych cząstek w LHC na podstawie polaryzacji próżni kwantowej (ciemnej materii) i rezonansów. W LHC obserwuje się powstawanie niestabilnych cząstek przy energiach protonów rzędu 10-100 GeV [1, Rys. 2], podobnie jak wytwarzanie par elektronowo-pozytonowych w kosmicznym detektorze AMS-02 [2, Rys. 2]. 16], ale efekt ten można wytłumaczyć polaryzacją próżni kwantowej (ciemnej materii), która jest trzecim pełnym uczestnikiem zderzeń protonów w LHC i której obecności zaprzeczają apologeci dominującej 100 lat w fizyce specjalnej teorii względności Einsteina (SRT) [3]. Ze względu na fakt, że w ramach projektów ELI i XCELS natężenie promieniowania laserowego dostępne do eksperymentów wzrosło do 10^{23} W · cm^{-2} i wyższe, możliwe stało się badanie nieliniowych efektów próżni, które do tej pory nie były badane doświadczalnie. Tak więc, na poziomie ultra-wysokich intensywności 10^{26} W · cm^{-2}, efekt rozproszenia impulsu laserowego na wiązkę elektronów o energii 46,6 GeV (nieliniowy efekt Comptona) na akceleratorze liniowym SLAC powoduje takie kaskady kolejnych emisji hard-photon (Wphot = h ν), że tworzenie wtórnych par elektronowo-pozytonowych w próżni jest reakcją łańcuchową, która trwa aż do momentu całkowitej utraty energii przez cząstki naładowane. Bardzo przypomina to rozległe natryski atmosferyczne generowane przez cząsteczki kosmiczne [4,5]. W tym porównaniu obserwacji kosmicznych z wynikami badań laboratoryjnych wykazano głębokie analogie, świadczące co najmniej o jedności fizycznych zasad zachowania się materii w szerokim zakresie gęstości (około 42 rzędów wielkości) i temperatur ($10^{\pm 3}$K). Być może powstawanie par elektronowo-pozytonowych w próżni jest przejawem niestabilności ciemnej materii. Obecnie, zgodnie z wynikami badań nad akceleratorem liniowym SLAC, wielu fizyków uważa, że w LHC emisja dżetów w procesach nieelastycznych o dużej mnogości, w tym protonów i antyprotonów, wiąże się z ciemną materią [6]. W elektrodynamice kwantowej (QED) nadal nie ma pełnej jasności, jak rozwiązać problem wytwarzania par cząstek elementarnych i antycząstek w próżni pod wpływem działania pól zewnętrznych, opierając się na odpowiednich równaniach Kleina-Gordona-Focka i równaniach Diraca. Dla niektórych z tych pól możliwe jest skonstruowanie odpowiednich

kwantowej teorii pola Diraca, ale ogólnie rzecz biorąc, istnieją trudności nie do pokonania związane z tworzeniem się par elektronowo-pozytonowych z próżni, co prowadzi do nieliniowych problemów wielocząsteczkowych [7].

2. Polaryzacja próżni kwantowej (ciemna materia) i rezonansów

W elektrodynamice kwantowej (QED) niestabilność próżni fizycznej pod wpływem wysokoenergetycznych fotonów promieniowania kosmicznego, relatywistycznych protonów, szczytowych pól elektrycznych i magnetycznych lub intensywnego promieniowania laserowego nazywana jest polaryzacją próżni i charakteryzuje się powstawaniem par elektronowo-pozytonowych, co czyni samą próżnię niestabilną [8]. W LHC prąd elektryczny powstaje w wyniku ruchu wiązek naładowanych protonów relatywistycznych i zgodnie z równaniami Maxwella generuje silne i nietrwałe, toroidalne i poloidalne pola elektromagnetyczne [9]. Doświadczalnie ustalono, że w obecności silnego pola magnetycznego H $\approx 10^{16}$ T lub szczytu natężenia pola elektrycznego E $\approx 10^{16}$ V $\cdot$ cm^{-1} w próżni kwantowej z cząstek wirtualnych powstają stosunkowo stabilne cząstki (żywotność 16-10^{-23} sek.). Wraz z polaryzacją próżni kwantowej i jej przemianą w materię, zmiana energii próżni w może być reprezentowana jako suma:

$$w = w^p + w^{\sigma} \quad (1)$$

gdzie w^p jest polaryzacją próżniową, $w^p << E^2 / 8\pi$;

w^{σ} to zmiana energii substancji przy produkcji cząstek.

$$w^{\sigma} = eET\varkappa, \quad \varkappa = \frac{e^2E^2T}{4\pi^3}\exp(-\pi\frac{m^2}{\hbar E})$$

Tworzenie się cząstek jest główną przyczyną zmiany energii próżni. Mała wartość reakcji odwrotnej w^p oznacza ograniczenie natężenia pola elektrycznego E w danym czasie T (Es $\approx 10^{16}$ V $\cdot$ cm^{-1} jest krytycznym polem Schwingera) [7].

Kierunek ruchu wtórnych par elektronowo-pozytonowych wytwarzanych w próżni (ciemna materia) może być określony przez naturę efektu, który spowodował polaryzację próżni. Pod wpływem sztywnych fotonów, deformacja próżni następuje w kierunku poprzecznym do rozprzestrzeniania się perturbacji, co określa kierunek ruchu par elektron-pozyton (rys.1a). Można to zaobserwować analizując dane obserwacyjne dotyczące strumieni wtórnych par elektronowo-pozytonowych o miękkim widmie energii w kaskadach kwantowo-dynamicznych w intensywnym polu lasera lub w środowisku bliskim Ziemi pod wpływem działania fotonów promieni kosmicznych w PAMELA

-73-

i eksperymentów AMS-02 [2]. Jeśli polaryzacja próżni jest spowodowana ruchem ładunków relatywistycznych lub szczytowym polem elektrycznym ściśle zorientowanym w jednym kierunku, to wytwarzane w próżni wtórne pary elektronowo-pozytonowe będą poruszać się w kierunku przeciwnym do pędu pierwotnych cząstek naładowanych, z zerowym pędem poprzecznym $p^{\perp} = 0$ [8], ponieważ deformacja próżni nastąpi w kierunku wzdłużnym (rys.1b).

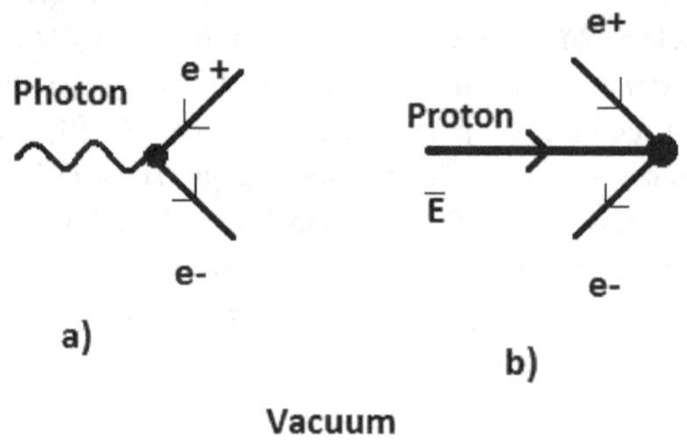

Polaryzacja próżni kwantowej

a) jeżeli polaryzacja próżniowa jest spowodowana ruchem fotonu;

b) jeśli polaryzacja próżniowa jest spowodowana ruchem relatywistycznego protonu lub szczytowym polem elektrycznym ściśle zorientowanym w jednym z kierunków E.

Rysunek 1

Eksperymentalnym potwierdzeniem tego może być pojawienie się przepływu wstecznych elektronów o "miękkiej" energii widma w multifalowych generatorach Cherenkova (MWCG). Jedną ze szczególnych cech pracy MWCG wykorzystującej wiązkę elektronów o czasie trwania mikrosekund z początkową energią cząstek naładowanych W_e ~ 2 MeV i wspólnym prądem I ~ 20 kA jest stosunkowo krótki impuls promieniowania w 3-centymetrowym zakresie długości fal o rekordowo wysokim poziomie mocy do 15 GW [10].

Próżnia kwantowa jest globalnym polem superpozycji oscylatorów z kontinuum częstotliwości. W przeciwieństwie do pola, cząstka oscyluje z tym samym

-74-

Stała częstotliwość. Przed nami jest przykład nieintegracyjnego systemu Poincare. Rezonanse będą występować zawsze, gdy częstotliwość pola i cząstki będą się pokrywać. Ewolucja układów dynamicznych (cząstek) aż do samoorganizującej się materii zależy od dostępnych rezonansów pomiędzy stopniami swobody. To był wniosek I. Prigogine'a i I. Stengera w ich monografii "Czas, Chaos, Kwant" [11]. Ożywili pomysł N. Tesli na teorię globalnego rezonansu. Niemniej jednak, jeśli teoria rezonansowa Tesli o narodzinach materii w eterze opierała się na intuicji pomysłowego eksperymentatora, to w przypadku I. Prigogine'a teoria ta uzyskała rygorystyczny pogląd matematyczny. Udowodnione przez Poincare nieintegracyjne układy dynamiczne oraz teoria trajektorii rezonansowych Kołmogorowa-Arnolda-Mosera pozwoliły Prigogine'owi stwierdzić, że mechanizm oddziaływania rezonansowego cząstek w dużych układach Poincare (LPS) był "zasadniczo" obowiązkowy i nie probabilistyczny. Wraz z rosnącymi parametrami komunikacyjnymi zwiększa się prawdopodobieństwo uzyskania wyników rezonansu. Do takich właśnie układów dynamicznych LPS należą układy oddziaływania cząstek z otoczeniem kosmicznym i ze sobą nawzajem. Laureat Nagrody Nobla I. Prigogine napisał: "Gdyby układy były niezależne, to dla spójności i samorealizacji nie byłoby po prostu miejsca, ponieważ wszystkie ruchy dynamiczne byłyby zasadniczo ruchami izomorficznymi wolnych (nieinteraktywnych) cząstek. Na szczęście, LPS w naturze ma przewagę nad innymi systemami." [11].

W ogólnym przypadku, nietypowe wirtualne/rzeczywiste zmiany cząstek są możliwe w nieliniowym oscylatorze nawet przy zastosowaniu sinusoidalnej siły zewnętrznej. Może być bardzo nieregularna i prawie sporadyczna w zakresie dynamicznej stochastyczności [12]. Zachowanie ruchu cząsteczki z izolowanym nieliniowym rezonansem jest podobne do zachowania elektronu w studni potencjałowej. Wielokrotne rezonanse odpowiadają wielu potencjalnym studniom. Nakładanie się rezonansów wskazuje na zbieżność sąsiadujących ze sobą odwiertów; cząstka może przechodzić z odwiertu do odwiertu i, pod pewnymi warunkami, opuszczać go. Rozważmy ten mechanizm bardziej szczegółowo. W przypadku oscylatora liniowego można poradzić sobie z pierwszym członem wyrażenia $\omega^2(x) = \omega^2_0 + \alpha x + \beta x^2 + \ldots$ i jedynym podstawowym efektem obserwowanym przy przyłożeniu zewnętrznej siły okresowej jest odpowiedź liniowa. W tym przypadku, im mniejsza strata oscylatora, tym ostrzejsze i wyższe krzywe rezonansu. Co się zmieni, jeśli częstotliwość oscylacji będzie zależała od amplitudy? Niech częstotliwość siły zewnętrznej będzie równa częstotliwości rotacji cząstki wzdłuż jednej z trajektorii fazowych. Następnie system będzie pobierał energię z zewnątrz i początkowe niskie oscylacje będą rosły. Cząstka będzie więc stopniowo przesuwać się do wyższej energii trajektorii fazowych, ale ponieważ oscylator nie jest izochroniczny, do

-75-

Wyższe energie będą odpowiadały innej częstotliwości. W wyniku tego układ traci rezonans i zaczynając od pewnej amplitudy, oscylator przestaje reagować na siłę zewnętrzną. Tak więc, wyjście z rezonansu następuje kosztem nieliniowego przesunięcia częstotliwości $\omega = \omega\ (x)$. Weźmy teraz pod uwagę przypadek nieliniowego oscylatora. W oscylatorze liniowym, rezonans występuje tylko przy częstotliwości bliskiej własnej, tj. $\Omega = \omega_o \pm \varepsilon$, gdzie ε jest małym dodatkiem. W przypadku oscylatora nieliniowego występują dodatkowe rezonanse na harmonicznych; np. kwadratowa nieliniowość aktywuje składowe widmowe 2Ω, 4Ω, itd. (harmoniczność drgań). Dlatego, jeśli np. $2\Omega = \omega_o$, to system będzie z rezonansem na harmonicznej siły zewnętrznej. W systemie pojawia się dynamiczna stochastyczność. Podczas gdy zachowanie cząstki w oscylatorze jest generalnie interpretowane jako w pełni deterministyczne, a jego przeszłość i przyszłość są wyraźnie określone przez równania ruchu i warunki początkowe, stochastyczność jest związana z przypadkowością i niejednoznacznością [12]. Czy proces ściśle deterministyczny może również wydawać się przypadkowy? L. Sapogin w swojej Jednostkowej Teorii Kwantowej (UQT) odpowiada twierdząco. Jego badania fizyczne i matematyczne pokazują, że jest to możliwe, a w niektórych przypadkach nieuniknione. W rozwiązaniu problemu oscylatora harmonicznego, oprócz konwencjonalnych oscylacji stacjonarnych ładunku o dyskretnej wartości energetycznej, profesor Lev Sapogin oferuje dwa nowe rozwiązania (Rys. 2), które zostały nazwane przez niego "krematorium" i "domem dziecka". W pierwszej decyzji cząstka oscyluje w potencjalnej studni z wykładniczym spadkiem energii, a w drugiej decyzji jej energia wzrasta bez ograniczeń. Dla mechaniki cząstki z oscylującym ładunkiem istnieją trzy możliwe sposoby zachowania się, które, jak się okazało, nie zależą od rodzaju studni potencjału; muszą być tylko skończone i mieć równe strony [13].

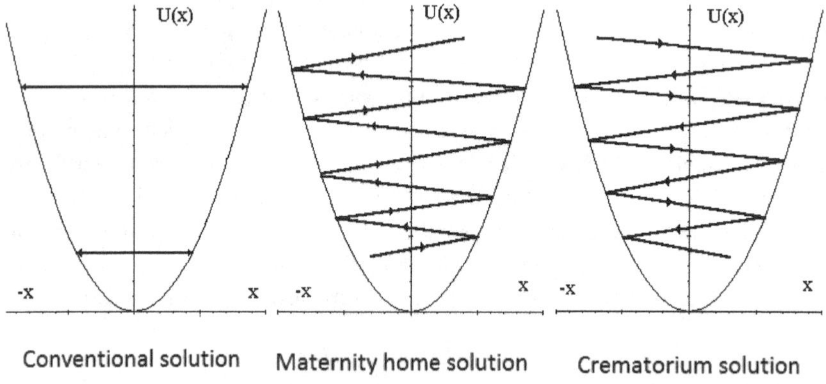

Rozwiązanie problemu oscylatora harmonicznego

Rysunek 2

Autonomiczne równanie ruchu cząsteczki w przypadku potencjalnej studni w kształcie sekantu hiperbolicznego

$U(x) = -U_o \operatorname{sech}(x^2)$ (2)

będzie wyglądać następująco:

$$m\frac{d^2x}{dt^2} + 4U_oQx\frac{Cos^2\left(mx\frac{dx}{dt}+\varphi o\right)\sinh(x^2)}{Cosh^2(x^2)} = 0$$

gdzie m, Q, φ_o są masą, ładują odpowiednio początkową fazę cząsteczki,

x to współrzędna cząstki w funkcji czasu;

Wynikające z tego tryby zachowania się cząstki w równych warunkach zależą w dużym stopniu od fazy początkowej, a jej wahania skutkują bardzo dużą różnorodnością trajektorii [13].

Zauważ, że nie-izochronizm jest niezbędny dla dynamicznych układów stochastycznych bez rozpraszania. Rzeczywiście, wzrost lub spadek energii wahań na skutek perturbacji jest zależny od fazy. Faza ta z kolei zależy od zmiany częstotliwości w zaburzonych warunkach z powodu izochronizmu. Jak wspomniano powyżej, system może wydostać się z jednego rezonansu. Jednak w przypadku wielu (więcej niż jednego) rezonansów, system komplikuje wzór zachowania poprzez ich interakcje. S_o, w zależności od fazy zaburzeń, system może albo przejść do następnego rejonu rezonansu, ostatecznie opuszczając studnię, albo zawrócić. Stan ten określany jest jako "nakładające się rezonanse" [12].

Od połowy ubiegłego wieku w QED, badania oddziaływań wysokoenergetycznych cząstek pozwoliły na wykrycie rezonansów, które przejawiają się w postaci pików na ogólnym monotonicznym zachowaniu się przekrojów ich oddziaływań. Rezonanse były interpretowane jako konsekwencja obecności poziomów kwantowych w samych cząstkach i identyfikowane w SM jako nowo wytworzone cząstki niestabilne. Obecnie wszystkie rezonanse są klasyfikowane i opisywane w ramach Modelu Standardowego aż do Bosonów Higgsa. Powstaje jednak pytanie, czy właściwe będzie interpretowanie wszystkich rezonansów tylko do samych cząstek. Bezpośrednie doświadczalne wyznaczanie zależności rezonansowej narodzin cząstki elementarnej-przedcząsteczki pod wpływem częstotliwości v zewnętrznej.

promieniowania i relatywistycznych protonów w próżni kwantowej (ciemnej materii), jest prawie całkowicie odrzucona przez współczesną fizykę. Podążając za zwodniczą logiką współczesnej teorii, ta zależność jest rysowana jako monotonnie rosnąca krzywa, która zaprzecza eksperymentalnym odkryciom dokonanym ostatnio w LHC i w przestrzeni bliskiej Ziemi. W tym przypadku, polaryzacji próżni kwantowej w przestrzeni i instalacji próżniowej pod działaniem elektromagnetycznym towarzyszy produkcja par elektronowo-pozytonowych cząstek i antycząstek. W roli cząstek wymiennych w interakcji elektromagnetycznej z próżnią kwantową w QED odgrywają fotony. Przypominamy najbardziej popularny diagram Feynmana dotyczący oddziaływania dwóch elektronów [14]. Ich trajektoria wzajemnego zbliżania się i odpychania (to ostatnie występuje zgodnie z prawem Coulomba) jest określona w QED poprzez wzajemne oddziaływanie ładunków, które w tym przypadku są wymieniane przez wirtualne fotony. W naszej koncepcji, gdzie istnieje struktura próżni kwantowej, zastosowanie koncepcji fotonu wymiennego nie jest konieczne, ponieważ proces polaryzacji (deformacji) próżni może być reprezentowany energetycznie wzór (1).

Na dzień dzisiejszy niezawodnie wiadomo o istnieniu czterech podstawowych interakcji (z wyjątkiem pola Higgsa): interakcji grawitacyjnej; interakcji elektromagnetycznej; interakcji silnej; interakcji słabej. Analiza danych doświadczalnych związanych z badaniem anizotropii przestrzeni fizycznej pozwala na przyjęcie założenia o istnieniu piątego oddziaływania (piątej siły) [15]. Próżnia kwantowa uczestniczy we wszystkich podstawowych oddziaływaniach, ale jeśli polaryzacji próżni w oddziaływaniach elektromagnetycznych towarzyszy produkcja par elektron-pozyton z udziałem wirtualnych fotonów wymiany, to w silnym oddziaływaniu jądrowym polaryzacji próżni kwantowej towarzyszy produkcja trzech niestabilnych π-mezonów (π^0,π+,π-) z udziałem wirtualnych pionów wymiany. W tym samym czasie zmienia się widmo energetyczne produkcji nowych cząstek i antycząstek, co wskazuje na zmianę struktury próżni kwantowej, gdy wchodzi ona w jądra atomowe.

Profesor A.V. Rykov, opierając się na swojej teorii próżni kwantowej [16], już w 2000 roku uzyskał wartość częstotliwości drgań własnych elementu strukturalnego kosmicznej próżni kwantowej ν_r = 4.6911-10^{24} Hz (W_r ≈20 GeV), zakładając, że w oddziaływaniu elektromagnetycznym struktura dipolowa kosmicznej próżni kwantowej będzie tworzona przez wirtualne pary elektron-pozyton. Według Rykowa, z wielkością elementu konstrukcyjnego kosmicznego dipola średniego r_e = 1,3988 - 10^{-15} m, deformacja ostateczna (granica zniszczenia) dr_e = 1,0207 ·10^{-17} m jest związana ze stosunkie m $dr_e = \alpha_e r_e$, gdzie α_e = 0,0072975 jest grzywną struktura stała. Granica zniszczenia odpowiada zewnętrznej energii fotonu $W_e \geq 1$ MeV (początkowa granica efektu fotoelektrycznego w próżni kwantowej. Wphot = h ν). Deformacja w próżni fizycznej jest mniejsza niż dr powinna mieć charakter elektroelastyczny, a przy wyższych wartościach, deformacja prowadzi do zniszczenia dipola ciemnej materii i stworzenia pary elektron-pozyton [16]. Zakładając, że w oddziaływaniach jądrowych (silne oddziaływanie pomiędzy nukleonami) struktura dipolowa kwantowej próżni jądrowej będzie utworzona przez różne wirtualne piony (π +, π-), profesor A. Rykov obliczył częstotliwość naturalną strukturę dipolową kwantowej próżni jądrowej ν'_r = 1,6285 - 10^{26} Hz oraz wartość energii, niezbędnej do zniszczenia struktury dipolowej i produkcji rezonansu trzech π-mesonów (π^0, π +, π-) W'_r ≈600 GeV. Według Rykowa, z wielkością elementu strukturalnego dipola kwantowej próżni jądrowej, r_x = 5,1408 - 10^{-18} m, ostateczna deformacja (granica złamania) dr_x = 1,6356 · 10^{-20} m jest powiązana ze stosunkiem $dr_x = \alpha_x r_x$, gdzie α_x = 0,00318157 drobna struktura kwantowej próżni jądrowej. Granica złamania odpowiada energii zewnętrznego fotonu $W_x \geq 30$ GeV (początkowa granica efektu fotoelektrycznego wytwarzania π-mezonów w kwantowej próżni jądrowej). Analiza danych doświadczalnych w LHC (2012-2018) rzeczywiście pokazuje obecność szczytów rezonansowych w widmach energetycznych produkcji cząstek dla energii zderzeń pp W_r ≈20 GeV i W'_r ≈0.6 TeV. Tak więc profesor AV Rykov, opierając się na analizie efektu fotoelektrycznego, zaproponował strukturę dipolową próżni kwantowej (cząstka i antycząstka) i był w stanie przewidzieć częstotliwość rezonansową (energię) produkcji par elektron-pozyton i π-mezonów pod wpływem promieniowania kosmicznego i relatywistycznych protonów (2000), 15 lat wcześniej niż otrzymano podobne wyniki w doświadczeniach prowadzonych w LHC i detektorze kosmicznym AMS-2 (2015-2018). W tym porównaniu wykazano głębokie analogie, świadczące co najmniej o jedności fizycznych zasad zachowania się materii w szerokim zakresie gęstości i temperatur. Być może tworzenie się cząstek w próżni jest przejawem niestabilności ciemnej materii. Dziś, zgodnie z wynikami eksperymentów w CERN, wielu fizyków uważa, że ciemna materia związana jest z badaniem mikroświata na najmniejszych odległościach i z ekstremalnymi energiami [6].

3. Eksperymenty

3.1 Bozon Higgsa

Odkrycie w LHC ciężkich rezonansów bozonu Higgsa (masa 125 GeV), uzyskanych w 2012 r. przy zderzeniach pp przy wysokich energiach, wydaje się potwierdzać, że ważność przewidywań Modelu Standardowego. Autorzy prac teoretycznych [17] P. Higgs i F. Engler otrzymali w 2013 r. Nagrodę Nobla za "teoretyczne odkrycie mechanizmu, który pomaga nam zrozumieć pochodzenie mas cząstek subatomowych i który został niedawno potwierdzony odkryciem nowej przepowiedzianej cząstki w Wielkim Zderzaczu Hadronów". Sytuacja, w której przewidywania teoretyczne pojawiają się przed ich eksperymentalnym potwierdzeniem i czekają na prawie pół wieku uznania (Nagroda Nobla), jest naprawdę wyjątkowa. Wszystko, co obecnie wiadomo o nowej cząstce, dobrze zgadza się z jej interpretacją bozonu Higgsa przewidzianą przez teorię cząstek elementarnych w ramach najprostszej wersji SM. W ramach SM możliwe jest obliczenie zarówno prawdopodobieństwa produkcji bozonu Higgsa w zderzeniach pp w LHC, jak i jego rozpadach, a tym samym przewidzenie liczby spodziewanych zdarzeń. Oszacowanie czasu życia bozonu Higgsa na podstawie danych eksperymentalnych nie jest sprzeczne z przewidywaniami Modelu Standardowego i wynosi $T \sim 1{,}6\text{-}10^{-22}$s. Bozon Higgsa (H) może rozpadać się na wiele różnych sposobów: na fotony, na ciężkie bozony W lub Z, na kwarki lub leptony. Co to jest bozon? Każda cząstka ma niejako wewnętrzny moment rotacji, spin (jest to kwantowe zjawisko mechaniczne). W jednostkach stałych Plancka występuje całkowity i półintegralny spin. Cząsteczki o wirze 1/2 lub 3/2 (każdy półintegralny spin) nazywane są fermionami. W bozonach spin jest liczbą całkowitą, co prowadzi do zasadniczych różnic we właściwościach tych cząstek; w bozonie Higgsa spin wynosi 0 (i jest to liczba całkowita). Bozon Higgsa jest elektrycznie neutralny. Bozon Higgsa, w przeciwieństwie do wszystkich innych bozonów wektorowych, jest cząstką skalarną. Uważa się, że pole Higgsa wypełnia cały wszechświat. Ale pojawia się pytanie: "oddziałując z polem Higgsa, wszystkie cząstki nabierają masy, ale bozon Higgsa z tego uniwersalnego mechanizmu wypada! To jest dalekie od banału; ta dwuznaczność jest fundamentalna i niesie ze sobą niezwykle poważne konsekwencje dla SM". W związku z tym pytanie zadaje akademicki RAS V.A. Rubakov w artykule "Higgs Boson": "Po co nam nowe pole Higgsa?" i on sam odpowiada: "Krótka odpowiedź jest taka, że symetrie teorii cząstek elementarnych Modelu Standardowego zabraniają cząstkom elementarnym posiadania masy, a nowe pole przełamuje te symetrie i zapewnia istnienie masywu cząstki" i kontynuuje: "W modelu standardowym - najprostszej wersji teorii (ale tylko w niej!) - wszystkie właściwości nowego pola i odpowiednio nowego bozonu, z wyjątkiem jego masy, są jednoznacznie przewidywane ponownie na podstawie rozważań symetrycznych" [18]. Tak więc kwestia masy bozonu Higgsa jest generalnie wnioskowana z rozważań na temat SM. Niestety, obecnie standardowy model nie posiada teorii umożliwiającej obliczenie masy cząstek elementarnych, w tym masy bozonu Higgsa.

-80-

SM zawiera od 20 do 60 dowolnie regulowanych parametrów (istnieją różne wersje SM) do obliczania masy cząstek. Unitarna Teoria Kwantowa L. G. Sapogina (UQT) pozwala na obliczenie widma masowego wszystkich dotychczas znanych lub hipotetycznych cząstek elementarnych aż do Bosonu Higgsa [19]. A także rozwiązanie prostej skalarnej wersji podstawowego równania UQT dla pakietu falowego pozwoliło na teoretyczne obliczenie podstawowego ładunku elektrycznego i stałej struktury drobnoziarnistej cząstki α [13]. Według UQT L. Sapogina, cząstki jako zakrzepy (pakiety falowe) pola rzeczywistego są regulowane przez funkcję struktury i mogą być rozkładane na płaskie fale sinusoidalne za pomocą transformacji serii Fouriera. Struktura jest tutaj reprezentowana jako funkcja amplitudy harmonicznej/częstotliwości (reprezentacja spektralna). Pakiet kwantowy staje się klasyczny ze zwiększoną masą, a kwantyzacja masy w delikatnej równowadze pomiędzy dyspersją i nieliniowością. Cząstka porusza się zgodnie z klasycznymi prawami ruchu, podczas gdy każdy pakiet jest rządzony przez prawa kwantowe.

L.Sapogin's Unitary Quantum Theory opisuje cząstki elementarne jako skrzepy (pakiety falowe) pola rzeczywistego, które mają być "utożsamiane z próżnią kwantową (ciemna materia)" i w których obecność lub brak obecności próżni kwantowej (ciemna materia) nie ma tutaj znaczenia. Oczywiście UQT dopuszcza wymianę energii z medium kosmicznym składającym się z aglomeratu przypadkowych oscylacji, ale nie jako warunek wstępny dla wytwarzania energii. L.Sapogin wyjaśnia przez nieograniczony wzrost energii w oscylujących cząsteczkach w potencjalnej studni, zgodnie z równaniami różnicowymi UQT dla oscylującego ładunku, opisującymi pojedyncze mikro-cząstki w ruchu: "UQT sugeruje, że prawa ochrony obowiązują tylko w odniesieniu do uśrednionego zespołu cząstek, a nigdy do pojedynczych. Z drugiej strony, generowanie energii jest regulowane przez naturę równań ruchu cząsteczek, czy to oscylujących w próżni czy też w ośrodku". [13]. W zaproponowanym przez nas modelu tworzenia się cząstek w próżni kwantowej, w tym bozonu Higgsa w wyniku zderzeń pp przy wysokich energiach w LHC, masa cząstek jest określana przez rezonanse. Kiedy częstotliwość oscylacji pojawiających się, gdy proton porusza się w próżni kwantowej LHC $\omega_B = \frac{mv^2}{\hbar}$ jest zbliżona do naturalnej częstotliwości oscylacji cząstki $\omega_S = \frac{mc^2}{\hbar}$ generowany w procesie polaryzacji próżni kwantowej (ciemnej materii), następuje rezonans. Rezonansowi towarzyszy wzrost dodatkowej masy cząstki:

$m_r = \hbar\, \omega_r / c^2$ (3)

gdzie m_r jest masą kwantowego obiektu,

-81-

ω_r jest częstotliwością funkcji falowej obiektu kwantowego,

c jest prędkością światła $c = 299792458$ m/s

$\hbar = h / (2\pi)$, $\hbar = 1{,}0546 \cdot 10^{-34}$ J / Hz, h jest stałą Plancka, $h = 6{,}6260 \cdot 10^{-34}$ J / Hz

Inny mechanizm generowania masy cząstek elementarnych został zaproponowany przez profesora Yu. A.Baurov w nowej teorii Bajonu (TB) [20]. Podstawowym obiektem do tworzenia się mas leptonów w gruźlicy jest obiekt 4B, który powstaje w procesie minimalizacji energii potencjalnej bionu. Większa część energii potencjalnej przechodzi w energię rotacji (wirowania) cząstek elementarnych. Pozostała część jest traktowana jako masa cząsteczek. Dla elektronu, minimalna rezydualna energia potencjału E=33eV. Wewnątrz TB, przestrzeń fizyczna bez cząstek, z materii barionowej, jest kwantowym medium utworzonym z bionów 4B o przedziale niepewności Heisenberga. Rozmycie obiektów 4B we Wszechświecie tworzy obserwowaną gęstość materii we Wszechświecie o wartości $\rho v = (0{,}721 \pm 0{,}025) \cdot 10^{-29}$ g $\cdot$ cm^{-3} (ciemna energia i ciemna materia) i łączy wszystkie obiekty Wszechświata w jedno pole informacyjne [20].

Amerykański zderzak Tewatron, zatrzymany w październiku 2011 roku, był w końcu w stanie "zobaczyć" bozon Higgsa - prawie rok po odkryciu cząstki w Wielkim Zderzaczu Hadronów, fizycy byli w stanie wykryć jego wyraźne "ślady" w danych zebranych przez amerykański akcelerator przez cały czas jego pracy. Amerykańscy fizycy mieli nadzieję, że zderzenie proton-antyproton Tewatronu w Narodowym Laboratorium Fermi (Illinois) będzie w stanie otworzyć bozon Higgsa przed europejskimi konkurentami z CERN-u i wezwali władze do przeznaczenia funduszy na kontynuację jego pracy. Pieniędzy jednak nie udało się znaleźć, w 2011 roku akcelerator został zatrzymany, a naukowcy zaczęli uważnie analizować całą ilość zebranych przez niego danych. Na podstawie wyników eksperymentów [21] związanych z utworzeniem bozonu skalarnego (H-bozon) i pary ciężkich fermionów ($\tau\tau$- leptony) w zderzających się wiązkach elektronów i pozytonów przeprowadzonych w latach 2017-2018 w zderzeniu CEBB-4M Nowosybirskiego Instytutu Fizyki Jądrowej Budkera, syberyjskiego oddziału RAS, można stwierdzić, że monopol badań bozonu Higgsa w LHC w zderzeniach wiązek protonów pozostał w przeszłości. Wspólną cechą wszystkich eksperymentów w LHC, amerykańskim zderzaku Tevatron i CEBB-4M jest obecność próżni kwantowej (ciemnej materii). Po osiągnięciu rezonansów, które występują podczas zderzenia cząstek (e- e+ lub zderzenia proton-proton albo proton-antyproton) w zderzeniach, w próżni kwantowej, powstają cząstki niestabilne, w tym bozon Higgsa.

-82-

3.2 Wpływ stabilności relatywistycznych protonów przy rosnącej energii ich zderzenia w Wielkim Zderzaczu Hadronów (LHC)

Doświadczalne odkrycia dokonane ostatnio w LHC obejmują wzrost ułamka procesów elastycznego rozpraszania relatywistycznych protonów w miarę wzrostu ich energii zderzenia, czyli wzrost efektu stabilności protonów. Wiązki protonów zderzają się w LHC z energią do 13 TeV w ich centrum układu masy. Energia ta powinna przekraczać masę spoczynkową protonu o więcej niż cztery rzędy wielkości (m_p ~ 9380000 MeV). Głównym celem badań w zderzaku jest zbadanie sił, które kontrolują wzajemne oddziaływanie cząstek i wyjaśnienie ich wewnętrznej struktury. Chociaż obecnie nie ma oznak krytycznych odchyleń od przewidywań Modelu Standardowego (SM), który łączy oddziaływania silne i elektroweakowe, obserwuje się szereg faktów eksperymentalnych, które wymagają wyjaśnienia. Problem ten jest szczególnie widoczny w przypadku silnych interakcji w tzw. miękkich procesach hadronicznych. W szczególności zaskakujące jest to, że wraz ze wzrostem energii zderzania się relatywistycznych protonów wzrasta prawdopodobieństwo ich integralności. Taki obraz jest sprzeczny z pojęciami fizyki klasycznej i wykracza poza ramy SM. Autor artykułu [1] profesor I. V. Dremin stwierdza, że prawdopodobieństwo przetrwania dwóch protonów z zachowaniem ich integralności, z rosnącą energią zderzenia, jest związane z czysto kwantową naturą struktury hadronów z kwarkami i gluonami umieszczonymi wewnątrz. Przejawiają się one w procesach nieelastycznych w postaci nowo powstałych zwykłych cząstek i rezonansów. To właśnie dynamika wewnętrznych pól w procesie elastycznego zderzania protonów powinna być odpowiedzialna za obserwowany wzrost prawdopodobieństwa przeżycia protonu przy wzroście energii. The powód dla wzrost w prawdopodobieństwo proton przetrwanie być wciąż jasny. Niewątpliwie silne korelacje powinny być odpowiedzialne za ten efekt. [1] Na przykład, zwiększona rola rozpraszania sprężystego może być związana ze zwiększeniem naprężenia sznurów łączących kwarki z miarą ściskania Lorentza. W tym przypadku emisja miękkich gluonów (kanał nieelastyczny) staje się mniej prawdopodobna. Inny ewentualny wyjaśnienie dla wzrost w prawdopodobieństwo przetrwanie protony może być należny fact że jako energia wzrasta gęstość bardzo miękkich (wee) gluonów wzrasta, i ich interakcja zmniejsza się. Taki efekt może wynikać ze struktury próżni chromodynamiki kwantowej (QCD) oraz manifestacji tzw. terminu kontaktowego Θ u Lagrangiana w QCD [22]. Wysokie ciśnienie w zderzeniach protonów i maksymalnie duża gęstość miękkich gluonów może prowadzić do zmniejszenia stałej sprzęgła i ich kondensacji w funkcji energii [23]. Jednak nowe odkrycia sprawiają, że

niezbędne do ponownego rozważenia charakteru rezonansów i mechanizmu produkcji nowych cząstek. Myślę, że po tym jak Volker Burkert i jego koledzy z laboratorium Jeffersona stwierdzili, że w protonie ciśnienie może przekroczyć 10^{35} Pascal [24], naiwne byłoby założenie, że maksymalna energia zderzających się promieni protonów osiągalna w LHC byłaby wystarczająca do zniszczenia protonu. Można założyć, że powstawanie cząstek w tym zakresie energii jest związane ze zjawiskami rezonansowymi w próżni kwantowej (ciemnej materii) i nie ma znaczenia dla integralności protonów, to znaczy, że wszystkie zderzenia protonów w LHC, z wyjątkiem rezonansów, są elastyczne. Volker Burkert przeprowadził serię eksperymentów na akceleratorze CEBAF. Po zderzeniu szybkich elektronów z masą ciekłego wodoru (będącego źródłem protonów), badacze zarejestrowali powstające w wyniku ich oddziaływania cząstki - elektron, proton i dwa fotony. Badacze obserwowali rozpraszanie fotonów, porównując ich charakterystykę z informacjami o protonie i przyspieszonym elektronie. Rozproszenie to dało naukowcom schemat energii i impulsów, który umożliwił opisanie ekstremalnego ciśnienia w centrum protonu. Jeszcze do niedawna uważano, że zastosowanie tak ważnej zależności jak warunek jedności (twierdzenie, że całkowite prawdopodobieństwo wszystkich procesów sprężystych i nieelastycznych w zderzeniu protonów powinno być równe jedności) pozwala wyjaśnić przestrzenny obraz regionu oddziaływania protonu i jego ewolucji wraz ze zmianą energii [25]. Jednak wyniki najnowszych doświadczeń uzyskanych w LHC, gdy energia zderzenia protonów osiągnie 13 TeV, pozwalają wątpić w niezawodność stanu jednorodności, w którym dwa kanały sprężystego i nieelastycznego zderzenia protonów są sztywno powiązane ze sobą prawdopodobieństwem zdarzeń [1]. Rozpoznanie polaryzacji próżni kwantowej (ciemnej materii) pod działaniem ultra-relatywistycznych protonów i supermocnych pól magnetycznych i elektrycznych prowadzi do powstania dżetów niestabilnych cząstek w LHC i zniekształca przestrzenny obraz obszaru oddziaływania protonów przyjęty w SM, czyli dodaje trzeci kanał.

4. Wniosek

Tak więc w świetle analizy nowych danych doświadczalnych, Model Standardowy (SM) powinien zostać zrewidowany, a prosta, minimalna rozbudowa SM o nazwie

SMASH, zaproponowana przez dr G. Ballesterosa z Uniwersytetu Paris-Saclay Francja, jest zdecydowanie niewystarczająca [26]. G. Ballesteros dodaje do cząstek SM trzy neutrina prawe, dwa fermiony Weyl'a (tzn. ich właściwości są opisane przez teorię Weyl'a) i pole skalarne σ, a jego średnia próżniowe 10^{11} GeV reprezentuje nową skalę energetyczną. Przy niskich energiach, nowy model redukuje się do SM, uzupełnionego o huśtawkowy mechanizm generowania masy neutrin i akcjay o masie 50-200 μeV, która może być

-84-

Cząsteczki ciemnej materii, przy wysokich energiach, nowy model działa do skali energii Plancka [23]. Jednak nowy model nie może wyjaśnić natury ciemnej energii wszechświata. Jednolita Teoria Kwantowa Lwa Sapogina (UQT) [13] i Teoria Bajonu Jurija Baurowa (TB) [20] w znacznym stopniu uzupełniają SM. Materia niebaronowa, która stanowi podstawę medium międzygalaktycznego, jest w stałym oddziaływaniu siłowym z barionową substancją planet i gwiazd, które się z niej rodzą. Ta niebarionowa materia jest głównym źródłem energii dla powstawania w nich nie tylko par elektronowo-pozytonowych, ale także wszelkich innych strukturalnych elementów materii. Ponadto, posiadając charakter wszechobecny, medium to wpływa na wszystkie procesy zachodzące w akceleratorach i zderzakach. Może się okazać, że liczba rezonansów zidentyfikowanych jako nowo wytworzone niestabilne cząstki w polaryzacji próżni kwantowej, pod działaniem szczytowych pól elektrycznych i magnetycznych lub relatywistycznych protonów w LHC jest tak duża, że konieczne będzie stworzenie specjalnych tabel analogicznych do tabel publikowanych przez współpracującą Particle Data Group (PDG), które opisują wszystkie właściwości rezonansów związanych z obecnością poziomów kwantowych w samych cząstkach. Dodanie nowych cząstek w SM do przeglądu bozonu Higgsa może obejmować bozon X. Jonathan Feng, profesor fizyki i astronomii na Uniwersytecie Kalifornijskim w Irvine, w komunikacie prasowym w 2017 roku powiedział: "Od dziesięcioleci znamy cztery podstawowe siły: grawitację, elektromagnetyzm oraz silne i słabe siły atomowe". Odkrycie ewentualnej piątej siły całkowicie zmieniłoby nasze rozumienie wszechświata, co miałoby konsekwencje dla zjednoczenia sił i ciemnej materii. Rozdzielając ciemny foton, fizycy pozycjonują "fotofobiczny bozon X". Inne znane siły przed nim działały tylko na elektrony i protony. Ta nowa siła oddziaływuje z elektronami i neutronami w bardzo ograniczonym zakresie. Naukowcy twierdzą, że nie ma innego bozonu o takich samych cechach - stąd nazwa "bozon X". Bozon X ciemnej materii pozwala wyjaśnić szereg eksperymentów, w których obserwowany jest anomalny moment magnetyczny mionu. Należy zauważyć, że odkrycie zjawiska polaryzacji próżni kwantowej (ciemnej materii) w teoriach elektrodynamiki kwantowej (QED) i chromodynamiki kwantowej (QCD) prowadzi do naruszenia symetrii, praw ochronnych i zakazów w Modelu Standardowym. Każda symetria w SM ma swoje własne prawo ochronne. Na przykład, symetria w odniesieniu do przemieszczeń w czasie odpowiada prawu zachowania energii, symetria w odniesieniu do przemieszczeń w przestrzeni - prawu zachowania pędu, a symetria w odniesieniu do obrotów w przestrzeni (wszystkie kierunki w przestrzeni są równoważne) odpowiada zachowaniu pędu kątowego. Prawa konserwatorskie mogą być interpretowane jako zakazy: symetrie zakazują zmiany energii,

-85-

pęd i pęd kątowy do systemu zamkniętego podczas jego ewolucji. Udział próżni kwantowej (ciemnej materii) we wszystkich oddziaływaniach powoduje odrzucenie paradygmatu zamkniętego systemu ewolucji i wymaga rewizji wszystkich praw ochronnych i symetrii. Dziś eksperci pracujący przy Wielkim Zderzaczu Hadronów zadają sobie pytanie o epokowe zastąpienie paradygmatu w fizyce. Przykładem jest artykuł Josepha Likkena i Marii Spiropul: "Supersymetria i kryzys w fizyce" [27]. Jest pytanie: "Jaka powinna być nowa fizyka?" Nie ma jedności w tej kwestii wśród fizyków. Artykuł ten jest prekursorem powstania nowej fizyki, w której dopuszcza się naruszanie praw konserwatorskich w systemach otwartych, znosi się zakaz tworzenia urządzeń o sprawności większej niż 100% i w której dla ludzkości otwiera się niewyczerpane źródło pojęciowych innowacji we wszystkich dziedzinach działalności [28].

Dzisiaj, przed fizykami jest pytanie: "Który projekt wybrali dla nowego zderzaka?" Gdyby LHC odkryła nową cząstkę poza Modelem Standardowym lub wiarygodnie wskazała jakiś zupełnie nowy efekt, fizycy wiedzieliby, jak zbudować zderzak do badania tego zjawiska. To byłby rozsądny wybór. Teraz fizycy zmuszeni są do dokonania wyboru niemal na ślepo, próbując znaleźć opcję, która byłaby optymalna pod względem czasu, inwestycji finansowych i oczekiwanych skutków naukowych. We wrześniu 2017 r., na 186. sesji Rady CERN-u, utworzono sekretariat Europejskiej Grupy Strategicznej (ESG), nowego organu koordynującego przygotowanie zaktualizowanej strategii europejskiej. Kluczowym zadaniem Europejskiej Grupy Strategicznej jest opracowanie ostatecznego planu programu i przedłożenie go do rozważenia w CERN. Proponuję, aby Europejska Grupa Strategiczna uznała ten artykuł za zasadniczo nowy dla badań efekt - polaryzację próżni kwantowej (ciemnej materii) w nowym zderzaku. Do listy zadań nowego zderzaka należy włączyć również badanie piątego podstawowego oddziaływania na podstawie teorii Byuonu Yu.Baurowa oraz na podstawie teorii "fotofobicznego bozonu X" profesora Jonathana Feng'a, a także badanie cząstek elementarnych na podstawie Unitary

Quantum Theory profesora Leo Sapogina. Wtedy naprawdę będzie można mówić o nowej fizyce, w przeciwnym razie "wiele krajów będzie nadal marnować swój czas i pieniądze na puste projekty, takie jak Międzynarodowy Eksperymentalny Reaktor Termonuklearny (ITER), Wielki Zderzacz Hadronów (LHC) i tym podobne" [29, 30].

PODZIĘKOWANIA

Autor dziękuje za rozmowę profesorom V. Aksenovowi, Leo Sapoginowi i Yu. Baurov

-86-

REFERENCJE

1. Dremin I.M. *Kilka nowych odkryć na zderzakach* - Physics-Uspekhi, **61**, (4) (2018)
2. Galaktionov Yu. V., Poszukiwanie *antymaterii i ciemnej materii, precyzyjne badania strumienia promieni kosmicznych na międzynarodowej stacji kosmicznej. Eksperyment AMS. Wyniki czteroletniej ekspozycji.* - Fizyka - Uspekhi, **60**, (1), (2017)
3. Konstantinov S.I., *The cosmological constant and dark energy: theory, experiments and computer simulations*,- Global Journals Inc. (USA) GJSFR-A, tom 16, wydanie 5, 2016.
4. Kaskady kwantowo-elektrodynamiczne z jonizacją atomów - Fizyka - Uspekhi, **60**, (11), s. 1271, (2017)
5. Narozhniy NB, Fedotov AM *Kwantowo-elektrodynamiczne kaskady w intensywnym polu laserowym* - Fizyka - Uspekhi, **58**, (1), str. 103-108, (2015)
6. Polowanie na tajemniczy ciemny foton: eksperyment NA64 (CERN)
7. Gitman DM, Gavrilov SP *Opis procesów w silnych polach zewnętrznych w ramach kwantowej teorii pola.* - M: Russian Physics Journal, Vol. 59, N11, (2016).
8. Adornov T.K., Gavrilov S.P., Gitman D.M., Ferreira R. , *Osobliwości produkcji par cząstek w szczytowym polu elektrycznym,* - M: Russian Physics Journal, Vol. 60, N3, (2017)
9. Aksenow W.W. , Bez użycia *siły i siły pola magnetycznego*, M: Russian Physics Journal, Vol. 59, N3, 2016.
10. Kornienko VN, Cherepenin VA, *Dynamika przepływu wstecznych elektronów w wielofalowych generatorach Cherenkova*, - M.: Biuletyn Rosyjskiej Akademii Nauk: Fizyka, ISSN 1062-8738, Vol.81, No.1, s. 38-40, (2017).
11. Prigogine I.R., Stengers I. *Time, chaos, quantum*, - Moscow: Postępy, 1994.

12.Trubetskov D.I. *Wprowadzenie do singeretiku. Chaos i struktura* - M: URSS, 2004.
13.Leo G. Sapogin, Yu.A. Ryabov, V.A. Boichenko , *The Unitary Quantum Theory and a New Sources of Energy.* - Science Publishing Group, USA. (2015)
14.Richard Phillips Feynman. *QED: Dziwna Teoria Światła i Materii* - Moskwa: Nauka, 1988
15. Yu.A. Baurov, Yu.G. Sobolev, F. Meneguzzo, *Fundamental experiments on the detection of the anisotropy of physical space and their possible interpretation,* - M: Bulletin of the Russian Academy of Sciences: Fizyka ISSN, tom 79, nr 7, s. 1047-1052, (2015)
16.Rykov A.V. *Podstawy teorii eteru,* - Moskwa: Rosyjska Akademia Nauk, Instytut Fizyki Ziemi, 2000.

-87-

17.Higgs P.W. Phys. Lett. B 12 132 (1964)
18.Rubakov V.A. *Higgs Boson* - M.: Nauka i życie, N10, (2012)
19.Leo G. Sapogin, Ryabov Yu.A. *The Mass Spectrum of Elementary Particles in Unitary Quantum Theory and Standard Model,-* Global Journal of Science Frontier Research A, vol.16,Issue 2,Version 1.0, (2016)
20. Baurov Yu.A., *Standard leptony i następujący lepton w teorii Bajuonu,-* M.: Biuletyn Rosyjskiej Akademii Nauk: Fizyka, tom 80, nr 5, (2016)
21.Abdullaev SK, Gojaev M.Sh., Nasibova N.A. *Narodziny bozonu skalarnego i pary ciężkich fermionów w zderzających się belkach e-e+* - M: Russian Physics Journal, Vol. 61, N7, (2018)
22.Kharzeev D. E., Levin E. M., Phys. Rev. Lett., **114** 242001 (2015)
23.Blaizot J.-P., Liao J., Nucl. Phys. A, **949** 35 (2016), ; arXiv:1503.07263

24.Burkert VD, Elouadrhiri L, Girod FX. *Ciśnienie wewnątrz protonu.-* Natura. 2018;557:396–399
25.Dremin I.M. *The interaction region of high energy protons* - Physics-Uspekhi, **58**, (1) (2015)

26.Fizyka wiadomości na temat INTERNETu "Rozszerzenie Modelu Standardowego", - Fizyka - Uspekhi, **60**, (3), s.342 (2017).
27.Joseph Lykken, Maria Spiropula. *Supersymetria i kryzys w fizyce* - Scientific American N 7-8, (2014)
28.Konstantinov S.I., *Energia ukryta Wszechświata* - International Journal of Advanced Research in Physical Science, Tom 4, wydanie 7, (2017), nr strony: 20-31.
29.Sapogin, L.G., Dzhanibekov, W.A., Moкulsky, M.A., Ryabov, Yu.A., Savin, Yu.P. i Utchastkin, W.I., *O konfliktach między Jednolitą Teorią Kwantową a Specjalną i Ogólną Teorią Względności.* - Journal of Modern Physics, 6, s. 780-785, (2015).

30. Konstantinov S.I., *Tokomaks, Akceleratory, Zderzacze i Elektrodynamika Maxwella*, - Global Journals Inc. (USA) GJSFR-A, tom 16, wydanie 6, s. 85-97, (2017).

VI. Synteza jądrowa: perspektywy zarządzania

Streszczenie: W artykule omówiono perspektywy kontrolowanej syntezy jądrowej. Przedstawiono działające instalacje zimnej fuzji jądrowej i efekt tunelu, co prowadzi do porzucenia planetarnego modelu atomu Rutherforda i uznania Unitarnej Teorii Kwantowej Lwa Sapogina.

-88-

Słowa kluczowe: Kontrolowana synteza jądrowa, plazma, laser, tokamak, zimna synteza jądrowa, efekt tunelowy

1. Wprowadzenie

Problem kontrolowanej syntezy jądrowej jest jednym z najbardziej palących problemów współczesnej fizyki. Główną przeszkodą w rozwiązaniu tego problemu jest konieczność stosowania gęstej, wysokotemperaturowej plazmy i utrzymywania jej przez wystarczająco długi czas (kryterium Lawsona). Jak dotąd, kontrolowana synteza jądrowa ma znaczący postęp, ale nie ostateczną realizację. Jednym z warunków jest to, że odległość między dwoma jądrami docelowymi musi być mniejsza niż promień silnego oddziaływania. Oznacza to, że kinetyczna energia jądrowa musi być wystarczająco duża, aby pokonać barierę potencjału elektrostatycznego pomiędzy dwoma jądrami. Temperatura zapłonu nie jest łatwo osiągalna przy użyciu tradycyjnych metod. W artykule [1] przedstawiono sposób realizacji fuzji jądrowej w niższej temperaturze za pomocą lasera γ-laser lub wystarczająco mocnego promieniowania γ i zwykłego lasera, aby napromieniować atomy docelowe. Temperatura zapłonu syntezy jądrowej wzbudzonych jąder jest niższa, a przekrój poprzeczny rozpraszania wzbudzonych jąder jest większy. W tym przypadku kryterium Lawsona może być łatwo zrealizowane. Tradycyjna metoda zapewniania takich warunków opiera się na bezwładnościowym lub długotrwałym utrzymywaniu plazmy termoj±drowej podgrzanej do temperatury około 10 keV. Ta metoda termojądrowa jest badana od 60 lat w różnych laboratoriach na świecie, a perspektywa osiągnięcia pozytywnego wyniku jest nadal dość niepewna, pomimo bardzo dużych nakładów finansowych i intelektualnych. Przykładem jest międzynarodowy eksperymentalny reaktor termojądrowy (ITER) we Francji oparty na tokamaku. Dużą uwagę zwraca się na perspektywy tokamaka jako źródła termonuklearnego (14 MeV) neutronów w trybie pracy impulsowej. Reżim stabilizacji związany z długotrwałym trzymaniem osocza w tokamaku jest uważany za długoterminowy. W czerwcu 2016 r. zgłoszono, że opóźniło to zakończenie prac z roku 2020 na 2025. Dziś możemy mówić o złożonym problemie, z jakim borykają się twórcy projektu ITER, ponieważ do obliczeń elektrodynamiki w tokamaku używano obecnie klasycznych równań Maxwella. Prawdziwa elektrodynamika wewnątrz tokamaka bardzo różni się od obliczeń [2]. Cząstki gorącej plazmy przemieszczają się wzdłuż linii pola magnetycznego o dowolnej topologii do ścian tokamaka i niszczą go. W przypadku tokamaków ryzyko to jest spowodowane brakiem pełnej teorii elektrodynamiki, która mogłaby odpowiednio opisać rzeczywiste zachowanie się pól i prądów elektrycznych i magnetycznych, a dodatkowo pogarsza fakt, że wszystkie programy syntezy opierają się na ogrzewaniu i sprężaniu reagującego materiału i jednocześnie mają przymiotnik "sterowalny", choć nie ma żadnej kontroli. Tylko początkowa ilość reagującej substancji jest ostrożnie przyjmowana jako bardzo mała. W kwancie

fizyka, nie ma sposobu, aby wpłynąć na ten proces. Reakcja syntezy lekkich jąder deuteru i trytu zachodzi w temperaturze setek milionów stopni i jest najbardziej obiecującą reakcją termojonuklearną:

$${}_1^2H + {}_1^3H \rightarrow {}_2^4He + {}_0^1n + 17.6\ \mathrm{MeV} \qquad (1\ )$$

W przyszłych modelach reaktorów, w przeciwieństwie do wszystkich istniejących projektów, w każdej chwili reagować będzie tylko najmniejsza część deuteronów, które automatycznie wybierane są w stosunku do faz początkowych. W rezultacie możliwe jest uzyskanie niewielkiej ilości energii wytwarzanej w długim okresie czasu, aż do wyczerpania rezerwy jąder reagujących na światło. Ta zimna fuzja jądrowa ma prawo być nazywana "kontrolowaną". W zasadzie jest to możliwe, gdy zewnętrzne sterujące pole elektromagnetyczne lub pole innego rodzaju jest stosowane do układu reagującego, który zawiera uporządkowane atomy deuteru i wolne deuterony. Te same właściwości mogą mieć specjalne geometrie krat atomowych. Rozproszenie dyfrakcyjne strumienia deuteronu na takich kratkach i ich późniejsze rozproszenie doprowadzi do automatycznego doboru deuteronów według energii i faz.

2. Prawdziwa elektrodynamika wewnątrz tokamaka a

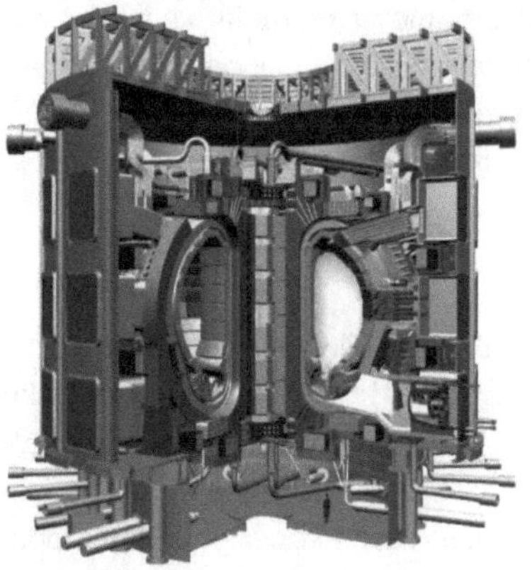

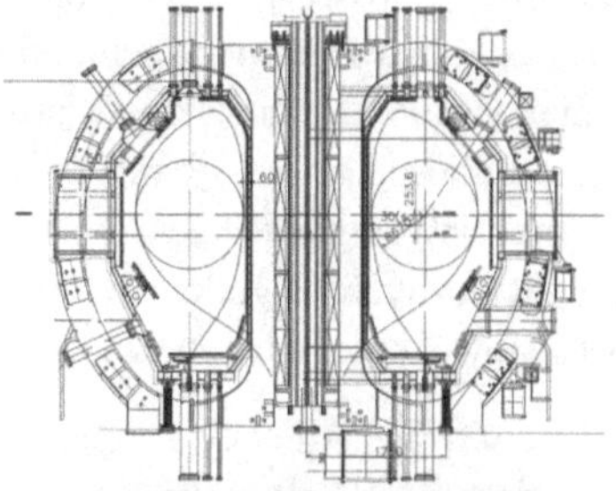

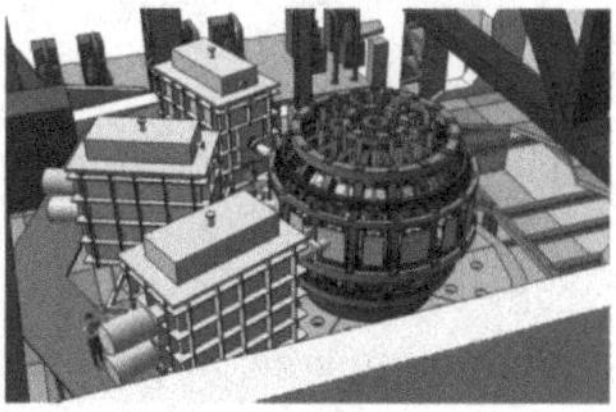

Przekrój poprzeczny reaktora ITER Przekrój poprzeczny Tokamak TM-15 (a)
Aby oszacować wielkość ITER w dolnej części umieszczając tokamak TM-15
figura przedstawia sylwetkę mężczyzny. w pomieszczeniu doświadczalnym (b)

Rysunek 1

-90-

Tokamak jest toroidalną komorą z cewkami magnetycznymi, przeznaczoną do utrzymywania plazmy magnetycznej w celu osiągnięcia warunków niezbędnych do wystąpienia kontrolowanej syntezy termojądrowej. Do stworzenia pułapki magnetycznej wykorzystuje się kombinację pól magnetycznych: silne pole toroidalne **Bt** i słabsze (100 razy) pole poloidalne **Bp**, a także prąd pola Bi I, przepływający przez kolumnę plazmy. Uważa się, że osocze jest stabilne w tokamaku, jeśli kryterium Shafranova - Kruskala:

Bt / Bi> R / α (2)

gdzie R - promień obwodu pierścienia plazmowego, α - promień przekroju poprzecznego słupa plazmy.

Jednak ze względu na efekt silnego toroidalnego pola magnetycznego **Ht**, powstaje poloidalne pole magnetyczne **Hp** generacji i trzymać plazmę w tokamaku przez długi czas nie jest możliwe. Im bardziej intensywne toroidalne pole magnetyczne wytwarzane przez uzwojenia toroida, a w tokamaku osiąga 3-5Tl, tym bardziej intensywne będzie tworzone przez nie superpoloidalne pole magnetyczne. Dyrektor naukowy syberyjskiego oddziału Rosyjskiej Akademii Nauk, profesor W.W.Aksenow, eksperymentalnie i matematycznie uzasadnił efekt samowzbudzenia i niekontrolowanego wzrostu pól magnetycznych. Prowadzi to do niekontrolowanej niestabilności kolumny plazmowej [3, 4]. Proces samowzbudzania zwiększy się niemal natychmiast dzięki wzajemnemu wytwarzaniu się wyżej wymienionych pól magnetycznych. Zgodnie z elektrodynamiką opracowaną przez profesora W.V. Aksenowa, pole magnetyczne wewnątrz tokamaka spełnia następujące równania:

$$\mathbf{H_T} = \nabla \times (Qr),\ \mathbf{Hp} = \nabla \times \nabla \times (Qr),$$
$$\nabla \times H_T = Hp\ \nabla \times Hp = \chi H_T \qquad (3\ )$$

W tym przypadku efekt samo-wytworzenia przez silne toroidalne pole magnetyczne H_T poloidalnego pola magnetycznego **Hp** i vice versa możliwy jest tylko w ośrodku przewodzącym, jeśli parametr $\chi \neq 0$ [4]. Tutaj Q jest funkcją skalarną trzech lub czterech zmiennych, jeśli weźmiemy pod uwagę zależność czasową, a r jest wektorem promienia. Wirujące toroidalne pole magnetyczne tworzy poloidalne pole magnetyczne siłowe i na odwrót. Jest to jeden z wariantów tzw. dynamicznego wzbudzania pola magnetycznego. Przy wzroście temperatury wewnątrz tokamaka tempo dyfuzji również wzrośnie ze względu na wzrost oporu (spadek przewodności) kolumny plazmowej i wzrost pola poloidalnego wewnątrz tokamaka. V.V. Aksenov przeprowadził oszacowanie samosprawdzeń w dużym modelu T-15 (rys. 1a) zgodnie z jego równaniami (3) elektrodynamiki. Wyniki są następujące [4]. Jeśli założymy, że $\nabla \times \approx 1/L$, gdzie L jest liniowym wymiarem szczypania plazmy wewnątrz tokamaka, to wtedy:

-91-

$$(1/L)\text{-}\ \mathbf{Hp} \approx (\Upsilon/\eta)\text{-}\ \mathbf{H_T},\ (1/L\quad)\text{-}\ \mathbf{H_T} \approx Hp \qquad (4)$$

gdzie Υ jest stopniem dyfuzji pola w plazmie torusa, η jest lepkością magnetyczną.

Niech mały promień włókna plazmowego R = 2m, następnie L = 2π R = 4π m, a natężenie toroidalnego pola magnetycznego $|\ H_T\ |$ = 5Tl. Intensywność dodatkowego poloidalnego pola magnetycznego wzbudzanego przez toroidalne pole magnetyczne będzie rzędu

$$|\mathbf{Hr'}| = 5/4\pi\ Tl \sim 0{,}4Tl.$$

W tym przypadku oszacowanie szybkości dyfuzji w odniesieniu do pierwotnych pól magnetycznych jest następujące

$$\Upsilon = (\eta/L)(\,|H_p|/|H_T|\,) \qquad (5)$$

Dodatkowe toroidalne pole magnetyczne zwiększy się o kwotę

$$\mathbf{H_T}' = (\eta/L\Upsilon)\,\mathbf{H_p}' = (H_T/H_p)\,H_p' \qquad (6)$$

W podsumowaniu profesor VVAksenov zauważa, że "powyższe podejście do opisu elektrodynamiki w tokamaku wymaga dokładniejszej analizy obejmującej równanie Boltzmanna opisujące zachowanie się cząstek plazmy ze wzrostem temperatury w złożonym polu magnetycznym innym niż toroidalne, które powstaje w tokamaku w wyniku samo-wytwarzania. Obecnie elektrodynamika w tokamaku opisywana jest znanymi klasycznymi równaniami Maxwella ... "“[4]. W artykule [3], wzajemne generowanie pól magnetycznych siłowych i bezwybuchowych zostało sformułowane przez V.Aksenova w ściśle matematycznych wzorach, zaś pojawienie się tych pól jest określone przez twierdzenie o całkowitym prądzie elektrycznym w rejonach kulistych. Wskazuje to na niedokładność badań tylko pól magnetycznych i konieczność badania prądów elektrycznych przy obliczaniu elektrodynamiki tokamaków.

Dzisiaj w EAST tokamak Chiński Instytut Fizyki Plazmowej osiągnął rekordowy czas utrzymywania plazmy w latach 30-tych, a w projekcie ITER jest konieczne, aby osiągnąć następujące wyniki: przy stałym stanie Pfus = 0,4-0,5 GWt i Q> 5 i przynieść długość utrzymywania plazmy przed 3000s. W naturalnym reaktorze fuzji jądrowej, takim jak Słońce, regularnie obserwowano emisję wieńcowej plazmy słonecznej, co wskazuje na niestabilność reaktora słonecznego. Taka emisja plazmy z reaktora fuzji jądrowej może doprowadzić do katastrofy ekologicznej.

a

b

e

Tokamaki z cewkami nadprzewodzącymi: (a) montaż cewek nadprzewodzących tokamaka T-7, (b) T-15, (e) ITER.

Rysunek 2

3. Eksperymenty z kontrolowaną zimną syntezą jądrową

3.1 Stabilne, kontrolowane wytwarzanie cząstek alfa w procesie reakcji syntezy jądrowej z udziałem jąder deuteru w temperaturze pokojowej w polu fali cieplnej

W [5] jako obiekt działania fali cieplnej wybrano próbki polikrystalicznego tytanu deuterowanego o wielkości ziarna nie większej niż 50 mikronów. Próbki te miały kształt cylindra o długości około 1 cm i średnicy około 7 mm. Stymulujące fale cieplne o wysokiej częstotliwości spadały na tę próbkę w kierunku osi cylindra, tj. prostopadle do powierzchni końcowej.

W doświadczeniach przedstawionych w [4] może to być początkowe źródło zmiennego nagrzewania lokalnego o częstotliwości zmiany temperatury zbliżonej do jednej z optymalnych częstotliwości $\omega n = \pi(2n + 1/2)\tau$, $n = 0,1,2...$ (takie modulowane nagrzewanie może być realizowane np. modulowaną wiązką laserową), a może źródło krótkich impulsów nagrzewania, których czas trwania $\Delta t \leq \tau$ nie przekracza czasu relaksacji termodynamicznej. W tym ostatnim przypadku, widmo tego impulsu będzie zawierało niezbędne składowe spektralne. Z istoty procesu rozprzestrzeniania się i pochłaniania takiej fali wynika, że początkowa fala termiczna (temperaturowa) będzie w rzeczywistości pakietem fal o częstotliwości środkowej pokrywającej się z ωn, a wąskie pasmo częstotliwości $\Delta\omega$, przylegające do tej częstotliwości. Szerokość tego pasma jest określana pod warunkiem, że fale cieplne o częstotliwościach odpowiadających granicy tego przedziału dotrą również do miejsca rejestracji z dopuszczalną absorpcją w danej

średnie (z reguły tłumione nie więcej niż 2 razy). Kiedy pakiet ten uderza w granicę z innym medium (np. granicą powietrzno-metalową), następuje bardzo ostre krótkotrwałe nagrzanie tej granicy, które prowadzi do wzbudzenia wstrząsającej fali akustycznej (faktycznie bardzo krótkiego pakietu) wewnątrz drugiego medium (w siatce metalowej), która rozprzestrzenia się w nim bez zauważalnego osłabienia. Gdy fala uderzeniowa dotrze np. do studni potencjalnej, w której znajduje się atom wodoru lub deuteru, znajdującej się pomiędzy dwoma cięższymi atomami, następuje impulsowa modulacja parametrów tej studni - jej bardzo szybkie ściskanie i późniejsze rozszerzanie. W eksperymentach kawitacyjnych odkryto również efekty związane z generowaniem spójnych promieni rentgenowskich, które mogą znacząco wpływać na powstawanie nietłumionych fal cieplnych [6]. Inny aspekt dotyczy cech przebiegu reakcji jądrowych w modulowanych studniach potencjalnych. Taka deformacja prowadzi do powstania w tej studni spójnych, skorelowanych kwantowo stanów jąder światła (np. protonu lub deuteronu). W [7,8] wykazano, że w takim stanie powstają bardzo krótkie wahania amplitudy energii cząstki związane z synchronizacją stanów wibracyjnych (rezonansem). Amplituda tych wahań przy typowej energii cieplnej sieci krystalicznej na poziomie 0,025 eV może osiągnąć (i przekroczyć) δE = 30...50 KeV, co jest wystarczające do przeprowadzenia skutecznej fuzji jądrowej zarówno pomiędzy różnymi deuteronami, jak i pomiędzy tym konkretnym protonem lub deuterem a jądrem sieci. Ten ogólny schemat można zoptymalizować, jeżeli siatka zawierająca te cząstki znajduje się w stanie napięciowym (quasistatycznym). W szczególności, przy wystarczająco wysokim stopniu nasycenia wodorku metalu wodorem lub deuterem pojawiają się w nim naprężenia wewnętrzne, które mogą prowadzić do pękania sieci i tworzenia się mikropęknięć. W każdym akcie powstawania takiej mikrokraki następuje również powstawanie spójnych, skorelowanych stanów deuteronów w objętości powstałej szczeliny. Ponieważ w strefie mikrokraksu może znajdować się wiele takich deuteronów, efekt "otwarcia" takiego mikrokraku może wytwarzać silne impulsy cząstek i promieniowania towarzyszące reakcjom jądrowym. Jednak taki proces mikropękania jest spontaniczny, a momenty otwarcia różnych mikropęknięć są zazwyczaj niezależne. Jednocześnie bardzo krótka fala uderzeniowa generowana przez falę cieplną prowadzi do synchronizacji (a także stymulacji) procesu otwierania takich mikropęknięć i drastycznie zwiększa efektywność reakcji jądrowych. Podobnie, działanie takich fal może stymulować różne przejścia fazowe ze zmianą lokalnej topologii kraty, co może prowadzić do jednoczesnego powstawania spójnych, skorelowanych stanów, którym towarzyszy generowanie olbrzymich wahań energii cząstek. Jednym z przejawów takich zsynchronizowanych wahań jest generowanie impulsów rentgenowskich o wysokiej mocy, które były

-94-

odkryte i zbadane w licznych eksperymentach [6]. Bardzo ważne jest pytanie o rodzaj reakcji jądrowej obserwowanej w tych eksperymentach [5], a także o rodzaj cząstek wykrywanych przez detektory śladowe. Powszechnie wiadomo, że przy wysokiej energii deuteronu istnieje duże prawdopodobieństwo wystąpienia dwóch reakcji [5].

$d + d = p + t + 4{,}03$ MeV, (1 kanał)

$d + d = n + {}^3He + 3{,}27$ MэB. (2 kanały) (7)

Trzecia możliwa reakcja

d + d = ^{4}He + 23,8 M эВ (3 kanały)

z dużą energią oddziałujących cząstek ma bardzo małe prawdopodobieństwo.

Sytuacja zmienia się zasadniczo przy niskiej energii deuteronu. W tym przypadku proces oddziaływania jest zdeterminowany nie przez rzeczywistą energię cząstki (jest ona bardzo mała dla występowania takich reakcji pomiędzy cząstkami naładowanymi), ale przez wirtualną energię powstałą w wyniku tworzenia się spójnych skorelowanych stanów. W najbardziej skoncentrowanej formie stany te charakteryzują się zmodyfikowanymi relacjami niepewności, zwanymi relacjami Schrödinger-Robertson dla dynamiki i koordynacji. Podstawową różnicą pomiędzy tymi relacjami a znaną relacją niepewności Heisenberga jest możliwość wprowadzenia efektywnej stałej Plancka, której wartość może być o wiele większa od "standardowej" stałej Plancka. W tych relacjach wartość r jest współczynnikiem korelacji, a G-koefektorem efektywności korelacji. Wykazano, że w procesie deformacji mikropęknięć wartość G może osiągnąć bardzo duże wartości $G \geq 10^3 ... 10^5$ [5]. W szczególności, gdy deuteron znajduje się w przestrzeni międzykatomowej typowej dla skondensowanych mediów o okresie a = 1,5Å (gdzie w $\delta q \leq 0{,}75$Å), wahania energii w stanie skorelowanym koherentnie z $G = 10^4$, przekraczają wartość $\delta E(min) = 50$ KeV, która nawet przy tym niższym progu znacznie przekracza temperaturę planowaną dla tokamaków. Należy zauważyć, że rzeczywista amplituda tej fluktuacji może znacznie przekroczyć $\delta E(min)$. W takim skorelowanym stanie, prawdopodobieństwo reakcji ze względu na specyfikę wykorzystania energii wirtualnej [8] może przekroczyć prawdopodobieństwo reakcji "standardowych". Bardzo wysoki stopień identyfikacji toru sugeruje, że w tym eksperymencie zarejestrowano również cząstki alfa typu ^{3}He i ^{4}He.

Autorzy [5] deklarują, że badania te będą kontynuowane, jednak nawet na tym etapie jest oczywiste, że metoda takiej zdalnej stymulacji syntezy jądrowej otwiera nowe możliwości i perspektywy dla realizacji kontrolowanej syntezy jądrowej.

-95-

W niniejszej pracy rozważamy metodę związaną ze stymulacją takich reakcji z kontrolowanym efektem niskiej intensywności na polikrystalicznym materiale półprzewodnikowym (deuterowany tytan) zawierającym deuter. Takim czynnikiem stymulującym jest wysokoczęstotliwościowa, ciągła fala ciepła generowana i rozprzestrzeniająca się w powietrzu przed kontaktem z celem podczas kawitacji strumienia wody w zamkniętej komorze.

3.2 Anormalne uwalnianie energii przez oscylujące cząsteczki w polu elektromagnetycznym z punktu widzenia Jednolitej Teorii Kwantowej Leo Sapogina (UQT)

W 1922 roku Clarence Ayrion i Gerald Wendt z laboratorium chemicznego na Uniwersytecie w Chicago założyli eksperyment z elektrycznym wybuchem drutu wolframowego w próżni. Podczas eksperymentu, spodziewali się osiągnąć rozkład wolframu na lżejsze elementy. Eksperyment, powtórzony 21 razy, wykazał, że w wyniku elektrycznego wybuchu drutu wolframowego, w kolbie powstają cząstki helu-4. Rutherford zainteresował się tym eksperymentem, który wątpił w jego wyniki i postanowił je obalić, napromieniowując cel wolframowy wiązką elektronów. Eksperyment ustalony przez Rutherforda różnił się zasadniczo od eksperymentu Ayriona i Wendta (napromieniowanie wiązką elektronów i wybuch elektryczny to dwa bardzo różne procesy), więc Rutherford rażąco naruszył metodologię naukową, obalając wyniki jednego eksperymentu zupełnie inaczej. W swoim eksperymencie Rutherford nie wykrył reakcji jądrowych i ostro skrytykował pracę Ayriona i Wendta. Okazało się to wystarczające do zatrzymania na wiele lat badań nad reakcjami jądrowymi w wyładowaniach elektrycznych. Dopiero po 80 latach (!) doświadczenia Ayriona i Wendta zostały powtórzone przez grupę badawczą profesora L. Urutskoyeva. W ośrodku doświadczalnym, zwanym Helios, grupa Urutskojewa odtworzyła eksperyment z elektrycznym wybuchem wolframu i w pełni potwierdziła wyniki przy użyciu nowoczesnych instrumentów. Stosunkowo duża zmiana izotopowa (na poziomie 5-7%) została wykryta podczas eksplozji drutów i folii zanurzonych w cieczy, przez którą przepuszczano submilisekundowe impulsy wysokoprądowe o łącznej energii 20-30 kJ. Oprócz nadmiernej ilości helu-4, analiza spektrometrii mas wykazała deficyt izotopu wolframu-180 w porównaniu z początkową liczbą izotopów, co wskazuje na proces jądrowy [9].

Okazuje się, że Rutherford mylił się, odrzucając możliwość wystąpienia reakcji jądrowych podczas wyładowania elektrycznego. Po prostu niskoenergetyczna synteza nie mieści się w planetarnym obrazie świata, w którym elektrony są umieszczone na eliptycznych orbitach wokół jądra atomu. W rzeczywistości, elektrony w atomach na orbitach nie latają. Rutherford zaproponował model planetarny, który nie ma nic wspólnego z rzeczywistością, więc w fizyce jest wiele eksperymentów, które nie mają żadnego wytłumaczenia. Elektron wewnątrz atomu nie jest

-96-

cząstka lecąca na orbicie, ale najprawdopodobniej stojąca fala elektromagnetyczna, która nie ma orbit i współrzędnych, ale formę oscylacji cząstki w oscylatorze o określonej częstotliwości i amplitudzie, co znacznie lepiej wyjaśnia obserwowane zjawiska.

L. Unitarna Teoria Kwantowa Sapoginy (UQT) opisuje cząstki elementarne jako pakiety falowe częściowych fal z liniową dyspersją [10]. Można wybrać taką dyspersję, aby pakiet falowy przy jego ruchu okresowo się rozprzestrzeniał i gromadził, a obwiednia tego procesu pokrywała się z funkcją falową. Najważniejszym rezultatem nowego jednolitego podejścia do teorii kwantowej jest pojawienie się ogólnej podstawy terenowej dla całej nauki fizycznej, ponieważ operacyjny opis zjawisk fizycznych właściwy dla standardowej relatywistycznej teorii kwantowej jest tak całkowicie niezadowalający. Cząstka ta została formalnie uznana za punkt w celu wyjaśnienia funkcji falowej / amplitudy prawdopodobieństwa. Jednak ani hipoteza punktowa, ani przestarzała zasada komplementarności Bohra nie okazały się przydatne do zrozumienia struktury cząstek elementarnych i opracowania kwantowej teorii pola w ramach przyjętego paradygmatu. W standardowym modelu (SM) brakuje nawet algorytmu obliczania widma masowego dla cząstek elementarnych. SM zawiera od 20 do 60 dowolnie regulowanych parametrów (istnieją różne wersje SM) do obliczania masy cząstek. Unitarna Teoria Kwantowa L. G. Sapogina (UQT) pozwala na obliczenie widma masowego wszystkich dotychczas znanych lub hipotetycznych cząstek elementarnych aż do Bosonu Higgsa [11]. We współczesnej fizyce teoretycznej istnieją silne, twarde zasady. Każda nowa teoria musi zawierać klasykę. W UQT jest to ściśle spełnione, ponieważ równanie relatywistyczne Hamiltona-Jacobiego i równanie Diraca wynikają z UQT, tj. wszystkich nowoczesnych podstaw fundamentalnej nauki kwantowej. W układzie równań UQT masa cząstek stałych zostaje zastąpiona całką na całej objętości dwuliniowych kombinacji pól, co daje układ 32 równań całkowo-różniczkowych. W tym przybliżeniu UQT, pakiet falowy jest realizowany jako przestrzennie podzielony ładunek elektryczny, który oscyluje, jego równanie zależy od czasu, współrzędnych i prędkości i może pracować w modelu zgrubnym cząstki jako ładunek oscylujący, więc możemy wykorzystać równania Newtona. Łatwo zauważyć efekt tunelowania: podczas gdy poruszająca się cząstka zbliża się do potencjalnej bariery, w fazie, gdy ładunek jest bardzo mały, łatwo jest przejść przez barierę, a gdy ilość ładunku jest duża, siła odpychania wzrasta, a cząstka się odbija. Przy okazji, za pomocą UQT można uzyskać to równanie z równania Schrödingera o bardzo niskich energiach [10]. Ale są pewne ciekawe różnice. Równania ruchu oscylującego ładunku nie były wcześniej traktowane w fizyce i mają istotną różnicę w stosunku do klasycznych praw

ruch - inwersja ruchu w stosunku do tłumaczeń inwersyjnych. Oznacza to brak wielkiego klasycznego rozmachu i praw oszczędzania energii. Pojawiają się one w UQT, a następnie w mechanice klasycznej tylko z uśrednianiem dla wszystkich cząstek. Paradoksalnie, w klasycznej elektrodynamice cząstka może poruszać się ze stałym przyspieszeniem, generując energię znikąd. Wiadomo, że w przypadku ruchu cząstek naładowanych w skraplaczu płaskim o stałym napięciu, które należy zastosować, pojawia się klasyczny, równomiernie przyspieszany ruch $x = \alpha t^2$. W Jednostkowej Teorii Kwantowej profesor L. Sapogin zaproponował to samo rozwiązanie dla równania z oscylującym ładunkiem [10]. Pokażmy, że równanie Schroedingera ma również podobne rozwiązanie fizyczne. Viz., niech potencjał w równaniu Schroedingera będzie równy $U(x) = rx$. Następnie wypełnij równanie Schroedingera w następujący sposób:

$$\frac{\hbar^2}{2m}\frac{d^2\Psi(x,t)}{dx^2} - rx\Psi(x,t) + i\hbar\frac{d\Psi(x,t)}{dt} = 0 \qquad (8)$$

Będziemy szukać rozwiązania w dość nietypowej formie

$$\Psi(x,t) = b\exp(i\frac{m\alpha^2t^3}{2\hbar} - i\,\frac{m\alpha tx}{\hbar}) \qquad (9)$$

O dziwnej formie funkcji fali (9) decyduje fakt, że prędkość w wyrażeniach na energię $\hbar\omega = mv^2/2$ i dynamika $\hbar k = mv$ we wzorze (9) zostały zastąpione przez $v=\alpha t$. Zastępując (9) w (8) otrzymujemy (po zmniejszeniu):

$$-2m\alpha^2t^2 + (m\alpha - r)x = 0 \qquad (10)$$

Równość (10) jest spełniona, jeśli założymy, że współrzędna x = At2, gdzie przyspieszenie A jest

$$A = 2\frac{m\alpha^2}{m\alpha - r} \qquad (11)$$

Jeśli w (11) nałożyć wymaganie $r \rightarrow 0$ (potencjał znika), wtedy pojawia się absolutnie dziwne konkretne rozwiązanie, gdzie cząstka jest w stanie poruszać się ze stałym przyspieszeniem 2α i generować energię niewiadomego pochodzenia. Efekt ten pozostajc ważny nawet wtedy, gdy wymóg $r \rightarrow 0$ (potencjał zanika) zostanie nałożony bezpośrednio w równaniu (8) [10].

3.2.1 Reaktor Andrei Rossi'ego E-Cat

Dzisiaj świat nauki jest wzburzony przez E-Cat Andrea Rossi. Reaktor jest rurą ceramiczną, w której proszek niklu jest umieszczany pod ciśnieniem z wodorem. Gdy istnieje system prądu elektrycznego nagrzewa się i emituje w ciągu 3-50 razy więcej ciepła niż on sam konsumuje. Mówimy o MegaWatcie. Oficjalne komisje naukowe doszły do wniosku, że reakcje jądrowe nie mogą wytworzyć tak dużo ciepła, chociaż skład izotopowy niklu i zmiany, a samo generowanie ciepła jest dość tajemnicze, ale nie wyklucza korzystania z takich urządzeń. Profesor Lev Sapogin oferuje wyjaśnienie efektu cieplnego z punktu widzenia swojej Unitarnej Teorii Kwantowej (UQT). Równanie UQT z oscylującym ładunkiem jest zasadniczo równaniem Newtona na ruch ładunku w potencjale zewnętrznym, ale wielkość ładunku zależy od czasu, prędkości i lokalizacji. [10] W rozwiązaniu problemu oscylatora harmonicznego, poza konwencjonalnym wykonywaniem stałym istnieją dwa nowe rozwiązania (Rysunek 1), które zostały nazwane L.Sapoginym "Crematorium" i "Domem Macierzyństwa". W pierwszej decyzji cząstka oscyluje w potencjalnej studni z wykładniczym spadkiem energii, a w drugiej decyzji jej energia wzrasta.

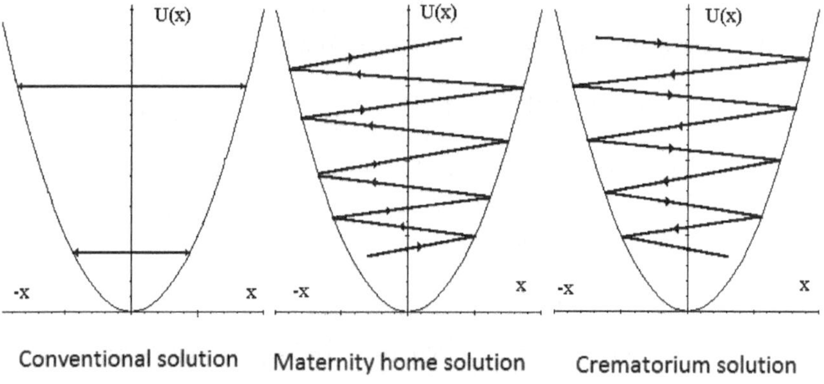

Rozwiązanie problemu oscylatora harmonicznego

Rysunek 3

Ziarna niklu (mogą to być ziarna lub najdrobniejsze kryształy) w E-kocie mają jaskinie o wielkości kilkudziesięciu Angstromów (pracują jako studnie potencjalne); proton odpowiedniej fazy może wnikać do wnętrza jaskini. W tych jaskiniach ciepło wytwarzane jest w warunkach "Domu Macierzyńskiego" w wyniku licznych uderzeń protonów w ściany jaskini Rys. 3. Obecnie historia z E-kotem Andrei Rossi patrzy ogłuszającym policzkiem w twarz całej współczesnej nauce [12]. W 2014 r. Rossi zapewnił swoją placówkę dla niezależnych 30-dniowych badań, podczas których dwa różne laboratoria przeprowadziły analizę izotopową substancji wyjściowej (paliwa) i wypalonej substancji po przeprowadzeniu badań. Analiza wykazała, że początkowe oświadczenie o transmutacji niklu w miedź nie jest

-99-

Prawda. W praktyce, instalacja Rossi jest transmutacja niklu-58,60,61 do niklu-62, jak również litu-6 do litu-7. Niezależne testy wykazały, że rozpraszanie ciepła w jednostce Rossi podczas testu 30-dniowego wynosiło 5,8 GJ na 1 gram paliwa. Moc uwalniania energii wynosi około 2 MW / kg, dla porównania moc VVER-1000 wynosi 111 kW / l rdzenia lub 0,035 MW / kg paliwa. Tak więc uwolnienie energii przez TVEL w zakładzie w Rossi jest około 50 razy większe niż w przypadku nowoczesnych reaktorów jądrowych w TVEL, co jest dość spójne z reakcjami syntezy jądrowej. Pierwsza wytwornica, wytwarzająca parę przemysłową o temperaturze 600°C, Rossi myśli, że na początku 2019 r. "udowodni swoją słuszność i potwierdzi oczekiwania partnerów i sponsorów, a także wszystkich zwolenników i entuzjastów LENR" (przewiduje się, że konwencjonalna sprawność takich wytwornic wyniesie co najmniej 600%). W tym samym czasie opracowuje jednomodułowy reaktor typu SK ("Sven Kullinger") o mocy 1 kW.

Należy dodać zdumiewające wyniki eksperymentów A. Samgina i A. Baraboszkina (Rosja) [13] i T. Mizuno (Japonia) [14]. Użyli oni, najwyraźniej niezależnie od siebie, jakiejś specjalnej ceramiki protonowo-przewodzącej, która jest w stanie wygenerować energię cieplną tysiące razy więcej niż przepływa przez nią prąd elektryczny. W niektórych eksperymentach T.Mizuno wartość ta przekraczała 70000. Nie stwierdzono jednak żadnego promieniowania ani fragmentów jądrowych, a procesy jądrowe nie są odpowiedzialne za takie uwalnianie energii. Taka ceramika przewodząca proton (mówiąc całkiem dokładnie, deutero-przewodząca) została stworzona przez metalurgię proszkową poprzez spiekanie w wysokiej temperaturze. Innymi słowy, wszystkie procesy chemiczne w nim zachodzące już dawno minęły. Pochodzenie takiej ilości nadmiaru energii w ramach zwykłej nauki jest całkowicie niezrozumiałe, ponieważ nie można tego wytłumaczyć ani reakcjami jądrowymi, ani chemicznymi, ani przejściami fazowymi. Autorzy tego eksperymentu założyli, że trwają reakcje syntezy jądrowej typu D + D. Po uwolnieniu tak dużej ilości energii, tabletka rozpada się na proszek.

Szczerze mówiąc, należy zauważyć, że pierwszym twórcą technologii "ciepłej" syntezy jądrowej, o której tak uparcie woli się nie pamiętać w Rosyjskiej Akademii Nauk, był inżynier Iwan Stiepanowicz Filimonenko. W 1957 roku stworzył "czystą" instalację termiczną (TEGEU) do syntezy helu z deuteru w temperaturze 1150° C.

3.2.2 Eksperymenty przeprowadzone przez Fleishman i Pons. Element paliwowy Patterson

W 1989 roku elektrochemicy M. Fleischman i S. Pons [15] przeprowadzili

-100-

elektroliza ciężkiej wody z spiralą z drutu palladowego. Została wykryta duża ilość ciepła. Zdając sobie sprawę, że reakcje chemiczne na pallad nie mogą być odpowiedzialne za takie efekty termiczne, poinformowali, że reakcje jądrowe D + D miały miejsce w ich doświadczeniach. Produkty reakcji jądrowych, które znalazły w mikroskopijnych ilościach, nie mogły być odpowiedzialne za uwalnianie ciepła. Fleischman i Pons zadeklarowali oszustów. W rzeczywistości historia postrzegania fuzji na zimno w Massachusetts Institute of Technology jest historią płaczliwego naukowego oszustwa tych naukowców, którzy w 1989 roku próbowali jak najszybciej wyeliminować fuzję na zimno i od tego czasu otrzymali od DOE setki milionów dolarów za swoje badania nad fuzją na gorąco. Szczerze powiedział to światu Eugene Mallov w swoim specjalnym raporcie, który pracował wówczas w Massachusetts Institute of Technology (MIT) News Service. W 1991 roku, na znak protestu, opuścił go po tym, jak dowiedział się o machinacjach, do których uciekł się szef kontrolowanego przez MIT programu syntezy jądrowej, aby zapobiec badaniom nad syntezą zimna w Stanach Zjednoczonych i innych krajach. Jednak pomimo prześladowań, zimna fuzja jądrowa i LENR ponownie stały się w ostatnich latach przedmiotem zwiększonego zainteresowania nie tylko naukowców, ale także rządów wielu krajów i dużych firm. Tak brzmi amerykańska ustawa o obronie narodowej na rok budżetowy 2017: "Komitet jest świadom ostatnich pozytywnych zmian w rozwoju niskoenergetycznych reakcji jądrowych (LENR), które wytwarzają ultra czystą, niedrogą energię odnawialną, która będzie miała silny wpływ na bezpieczeństwo narodowe. Według Defense Intelligence Agency (DIA), jeśli LENR będzie działać, będzie to destrukcyjna technologia, która może zrewolucjonizować produkcję i magazynowanie energii. "

Element termiczny CETI stworzony przez Jamesa Pattersona, USA [16], w którym zachodzi elektroliza specjalnie wykonanych kulek niklowych w zwykłej wodzie, trafi do każdej wyobraźni. Amerykańska gazeta Fortean Times nr 85, 1995, pisała o tym: "4 grudnia 1995 roku, przejdzie do historii. W tym dniu grupa niezależnych ekspertów z 5 uniwersytetów amerykańskich doświadczyła pracy nowego źródła energii o stałej mocy cieplnej 1,3 kW. Zużyta energia elektryczna była 960 razy mniejsza. "Wszyscy eksperci zauważają, że uwalniane ciepło ma tajemniczy charakter pochodzenia i nie może być wyjaśnione przez reakcje chemiczne lub jądrowe, a także przejścia fazowe. Według samego Pattersona wszystko, co dzieje się w danym elemencie, jest związane z reakcjami jądrowymi.

3.2.3 Generowanie nadmiaru energii podczas przyśpieszania klastra ładowarki

W latach 1969-1971, będąc podyplomowym studentem rosyjskiej państwowej pedagogiki pedagogicznej

-101-

Uniwersytet w St. Petersburgu, Wydział Elektroniki Fizycznej zajmował się zjawiskiem wtórnej emisji elektronów. Podczas pracy zwróciłem uwagę na odkrycie efektu niewyjaśnionego wzrostu energii klastrów elektronów wtórnych. Skład mojej instalacji próżniowej do badania emisji wtórnych elektronów obejmował:

1. Skraplaczem kulistym była kolba szklana o średnicy 0,4 m z warstwą metalu nałożoną na ścianę kolby połączoną z elektrodami przylutowanymi do ścianek kolby.

Wewnątrz kolby, za pomocą pomp próżniowych, wytworzyła się głęboka próżnia;

2. Metalowy cel umieszczony w środku kuli;

3. Wyrzutnia elektronów zdolna do generowania elektronów pierwotnych poprzez podgrzanie spirali, zogniskowanie ich w wąską wiązkę i skierowanie na cel, dając im określoną z góry energię (prędkość relatywistyczna).

Elektrony wtórne zostały wygenerowane przez uderzenie i spowolnienie elektronów pierwotnych w tarczy i zarejestrowane na wewnętrznych ściankach kondensatora sferycznego. Pomiędzy tarczą a warstwą metalową na ściankach kondensatora kulistego ustalono wcześniej ustaloną różnicę potencjałów. Badania emisji elektronów wtórnych prowadzono w warunkach głębokiej próżni. W przypadku emisji wtórnej, elektrony emitowane z celu są w przybliżeniu równomiernie rozłożone w fazie początkowej, ponieważ prąd wtórny spowodowany przez elektrony ma energię kinetyczną większą niż wysokość bariery potencjału (praca wyjściowa). Istnienie dużej liczby elektronów o tej samej fazie ułatwia tworzenie się klastrów. Należy zauważyć, że pojawienie się skupisk o nadmiarze energii i ich odkrycie wynika z faktu, że w przeciwieństwie do wzrostu energii pojedynczego elektronu, skupiska elektronów doświadczalnych łatwiej rejestrują wzrost energii i niezawodnie oddzielają je od elektronów pierwotnych. Klastry te podczas przyspieszania pozyskują energię, która w dziesiątkach razy przewyższa obliczoną wartość energii ładunku dla danej różnicy potencjałów.

Podobny efekt powstawania nadmiaru energii podczas przyspieszania klastrów naładowanych, które pojawiają się na katodach spiczastych o dużych prądach emisji autoelektronicznej. Pierwsze badania w tej dziedzinie rozpoczął Kenneth Shoulderg [17]. W Rosji badania te były prowadzone przez Miesiąc Akademicki G.A. w 1966 roku. Badacze ci odkryli dwa niezwykle interesujące fakty:

1.Prąd elektronowy jest generowany przez wystarczająco stabilne klastry elektronów składające się z 10^{11} elektronów o wielkości rzędu 20 mikronów.

-102-

2. Klastry te podczas przyspieszania pozyskują energię, która przekracza o 30 i więcej razy wartość możliwą do uzyskania, gdy ładunek przechodzi przez wykorzystywaną różnicę potencjałów.

Zjawiska te (zwłaszcza to drugie) są absolutnie niezrozumiałe z punktu widzenia fizyki zwyczajnej.

Klastry ładujące są kluczem do zrozumienia procesów, które otwierają drogę do nowej energii. To w nich zachodzą niskoenergetyczne reakcje jądrowe (LENR), niskoenergetyczne reakcje jądrowe, którym towarzyszy uwalnianie energii i transmutacja jąder atomowych pierwiastków chemicznych. Przepływ w trakcie życia klastra, a szczególnie gwałtownie podczas jego rozpadu.

4. Fuzja jądrowa na zimno, efekt tunelowy i transmutacja jądrowa

Fuzja jądrowa ma miejsce, gdy naładowana cząstka pokonuje odpychającą barierę Coulomba i wkracza w obszar sił przyciągania jądrowego. Aby wykonać tunelowanie, cząstka musi zbliżyć się do potencjalnej bariery w fazie, gdy amplituda pakietu fal jest mała, a cząstka w przypadku braku ładunku pokonuje barierę, "nie zauważając" jej. W innej fazie, gdy amplituda pakietu fal jest duża, rozpoczyna się nieliniowe oddziaływanie, a cząstka może być odbita od bariery. Z punktu widzenia jednostkowej teorii kwantowej (UQT), profesor L. Sapogina, ruch elektronów w węzłach tunelowych może zachodzić nawet w bardzo niskich temperaturach [10]. Dane eksperymentalne dotyczące zimnej fuzji jądrowej są niezwykle liczne i różnorodne, ale zamierzam omówić najważniejsze i najistotniejsze wyniki. Tak więc przy klasycznym badaniu elektrolizy katody palladowej nasyconej deuterem w ciężkiej wodzie generowane jest bardzo duże ciepło: do 3 kW/cm3 lub do 200 MJ w małej próbce. Wykryto również produkty fuzji jądrowej: tryt (10^7-10^9t/sec), neutrony o energii równej 2,5 MeV (10-100n/sec), hel. Brak w produktach cząsteczek reakcji alfa ^{3}He pokazuje, że ciepło nie jest wynikiem reakcji d+p. Więcej niż można zaobserwować emanację cząsteczki ładowarki (p,d,t,γ). Możemy badać podobne procesy w wyładowaniach gazów nad katodą palladową, przy zmianie fazy w różnych kryształach nasyconych deuterem, przy obróbce radiacyjnej mieszaniny deuteru silnym strumieniem dźwiękowym lub ultradźwiękowym, w kawitacjach mikrobańki w ciężkiej wodzie, w probówce z proszkiem palladowym nasyconym deuterem pod ciśnieniem 10-15 atmosfer standardowych i innych. Wspólną cechą wszystkich tych procesów jest brak produktów reakcji jądrowych, które wyjaśniałyby wynikające z nich efekty termiczne.

Głęboko badana interakcja d+d przebiega wzdłuż trzech kanałów [10]:

$D + D \rightarrow T(1{,}01) + p(3{,}03)$, (1 kanał)

-103-

$D + D \rightarrow He(0{,}82) + n(2{,}45)$ (2 kanały) (12)

$D + D \rightarrow He + \gamma(5{,}5)$ (3 kanał)

Wszystkie te reakcje są egzotermiczne. Trzeci kanał ma bardzo małe prawdopodobieństwo. Doświadczalnie ustalono, że reakcje mogą zachodzić przy arbitralnie małych energiach. W molekule D_2 odległość równowagi pomiędzy atomami 0,74 Å i w teorii kwantowej te dwa deuterony mogłyby przypadkowo wejść w reakcję syntezy jądrowej, ale wielkość interakcji jest bardzo mała. Szacuje się, że w wodach wszystkich mórz i oceanów znajduje się 10^{43} deuteronów, a w ciągu 10^{14} lat wystąpi tylko jedna taka reakcja. Z powyższego wynika, że główną przyczyną uniemożliwiającą realizację reakcji d + d jest obecność niezwykle wysokiej bariery Coulomba. Tak więc w eksperymentach M. Fleischmana i S. Ponsa, energia deuteronów w konwencjonalnym ogniwie elektrolitycznym Fleischmana-Ponsa wynosi około 0.025 eV, a wysokość bariery Coulomba dla tego przypadku wynosi 0.8 MeV. W mechanice klasycznej i kwantowej pokonanie takiej bariery o wysokości dziesiątek milionów razy większej niż energia kinetyczna cząsteczki jest po prostu niemożliwe. Ta okoliczność pozwala oficjalnej fizyce jądrowej założyć, że w przyrodzie nie ma zimnej fuzji jądrowej. Jednak obecność efektu tunelowego i duża liczba doświadczeń zgromadzonych w fizyce sugerują istnienie kontrolowanej zimnej fuzji jądrowej.

Już dawno temu odkryto, że transmutacje jądrowe są szeroko rozpowszechnione (jest to szczególnie widoczne w przypadku roślin i obiektów biologicznych), ale są one słabo związane z wyzwalaniem energii. Przykłady takich reakcji to:

$Mn^{55} + p \rightarrow Fe^{56}$

$Al^{27} + p \rightarrow S$ i^{28} (13)

Płyta + p →Sł2

K^{39} + p →Ca^{40}

W reakcjach tego typu bardzo wolny proton (jego energia kinetyczna jest równa praktycznie zeru) przenika do wnętrza jądra w opisany powyżej sposób i tam pozostaje. Nie ma wyzwolenia energii jądrowej, ponieważ jądro pozostaje stabilne zarówno przed, jak i po reakcji. Zgodnie z klasyczną fizyką jądrową, jądro, jak zwykle, po dostaniu się do niego naładowanego protonu o dużej energii kinetycznej, staje się niestabilne i rozpada się na kawałki, a jego fragmenty uzyskują większą energię kinetyczną. Reakcje tego typu zostały w ogóle uznane za niemożliwe przy małych energiach i dlatego nie były badane w klasycznej fizyce jądrowej. Najwyraźniej, to znaczy, że

-104-

Absolutnie nowy rodzaj transmutacji nuklearnych, nieuznawany przez współczesną naukę jądrową, ale odkryty eksperymentalnie wystarczająco dawno temu. Obecnie istnieje wiele danych doświadczalnych potwierdzających masowy charakter transmutacji jądrowej [10]. Ponadto istnieje wiele projektów dotyczących unieszkodliwiania odpadów promieniotwórczych, które wykorzystują tę metodę. Inną rzeczą jest to, że w nowych teoriach fizycznych natura efektu tunelowego jest wyjaśniona z różnych pozycji. W Jednostkowej Teorii Kwantowej (UQT) L. Sapoginy [10], podczas tunelowania, cząstka powinna zbliżyć się do potencjalnej bariery w fazie, gdy amplituda pakietu fal jest mała, a cząstka w przypadku braku ładunku pokonuje barierę, "nie zauważając" jej. Autor innej teorii efektu tunelowego, profesor V.I. Wysocki [8], stwierdza, że kiedy fala uderzeniowa osiąga potencjalną studnię, w której atom wodoru lub deuteru znajduje się pomiędzy dwoma cięższymi atomami, następuje impulsowa modulacja parametrów tej studni - jej bardzo szybkie ściskanie i późniejsze rozszerzanie. Taka deformacja prowadzi do powstania spójnych, skorelowanych kwantowo stanów jąder światła (np. protonu lub deuteronu) w tej studni, a w takim stanie powstają bardzo duże krótkotrwałe wahania energii cząstek związane z synchronizacją stanów wibracyjnych (rezonans). W eksperymentach profesora W.I. Wysockiego [8] pod wpływem gazu deuterowego z pulsującym polem magnetycznym o amplitudzie 10 kЭ i czasie trwania krawędzi natarcia 2 - 10^{-7}s, prawdopodobieństwo wystąpienia efektu tunelowego przy oddziaływaniach dd i temperaturze 300-500K wzrasta z $D_r \approx 10^{-80}$ do $D_r \approx 0.1$. Ten proces dd-interakcji może być realizowany w gazie o gęstości cząsteczek $n \leq 10^{17} cm^{-3}$.

5. Wniosek

Natura oferuje ludzkości różne możliwości fuzji jądrowej: z jednej strony jest to niekontrolowana fuzja termojądrowa realizowana w głębi Słońca, której towarzyszą emisje wieńcowe mające szkodliwy wpływ na całe życie na planetach, z drugiej zaś strony promieniowanie cieplne wszechświata realizowane w postaci zimnej fuzji jądrowej w ośrodku międzygwiezdnym. Wykryte termiczne promieniowanie tła Wszechświata w zakresie mikrofalowym od 10 GHz do 33 GHz odbierane w astrofizyce jako niewystarczająco przekonywująco uzasadniona nazwa "relikt". Może to być proces zimnej fuzji jądrowej zachodzący w środowisku kosmicznym, z uwolnieniem energii wystarczającej do podniesienia temperatury Wszechświata do 2,7 K. Z punktu widzenia jednostkowej teorii kwantowej (UQT) profesora L. Sapogina, ruch elektronów w połączeniach tunelowych może zachodzić nawet w bardzo niskich temperaturach [10]. Potwierdzają to doświadczenia amerykańskich naukowców, którym udało się ustalić efekty tunelowe w pobliżu absolutnego zera temperatury (w ciekłym helu) [18]. Na podstawie UQT

-105-

Równanie sapoginowe, możliwe jest określenie optymalnych warunków dla realizacji procesów syntezy jądrowej kontrolowanej na zimno w wystarczająco niskich temperaturach. Przyszłość systemów prawdziwie kontrolowanej syntezy jądrowej nie będzie leżała na prymitywnej ścieżce ogrzewania i sprężania, ale na ścieżce zderzeń jąder z niską energią, ale z precyzyjną regulacją. W oparciu o swoją oryginalną teorię efektu tunelowego, profesor W.I. Wysockii i jego współpracownicy realizują już w praktyce kontrolowaną fuzję jądrową [5]. Wybór musi być dokonany przez naukowców.

PODZIĘKOWANIA

Autor dziękuje za rozmowę profesorom W. Aksenowowi, Leonowi Sapoginowi i W. Wysockiemu.

REFERENCJE

1. Chen, S. and Chen, Z. *A Way to Realize Controlled Nuclear Fusion by γ-Laser or γ-Ray.* - World Journal of Nuclear Science and Technology, 8, s. 190-196 (2018)

2. Konstantinov S.I., *Tokomaks, Akceleratory, Zderzacze i Elektrodynamika Maxwella,* - Global Journals Inc. (USA) GJSFR-A, tom 16, wydanie 6, s. 85-97, (2017).

3. Aksenow W.W. , Bez użycia *siły i siły pola magnetycznego,* - M: Russian Physics Journal, Vol. 59, N3, (2016)

4. Aksenow W.V., *Toroidalny rozkład potencjału wektorowego pola magnetycznego i jego zastosowanie,*- M: Moskiewski Biuletyn Fizyki Uniwersyteckiej, N6, (2015)

5. A.A. Kornilova , W.I. Wysocki, Yu.A. Sapozhnikov, I.E. Vlasova, S.N. Gaydamak, A.A. Novakova, W.M. Avdyukhina, I.S. Levin, M.V. Wysocki, E.I. Hait, N.H. Volkov. *Problem i wdrożenie zrównoważonego wytwarzania cząstek alfa przez deuterowanego tytanu, który jest w dziedzinie fali ciepła.* - FISTYKA SILNIKOWA nr 5. (2018)

6. Kornilova A.A., Sysoev N.N., Barzov A.A., Vysotskii V.I., Litvin N.K., Tomak V.I. *Wstrząsowo-kawitacyjny mechanizm generacji zdjęć rentgenowskich podczas kawitacji szybkiego strumienia wody* - Biuletyn Fizyki Uniwersytetu Moskiewskiego. . Vol. 65. Nr 1. str. 46-50. (2010)

7. W.I. Wysockij W.I., W.W. Wysockij Tworzenie skorelowanych stanów i tunelowanie przy niskiej energii przy kontrolowanym działaniu impulsów na cząstki. JETP, 2017, 125, nr 2

-106-

8. W.I. Wysockij W.I., W.W. Wysockij Tworzenie stanów skorelowanych i optymalizacja efektu tunelowego dla cząstek niskoenergetycznych w warunkach niemonochromatycznego i pulsacyjnego działania na potencjalną barierę. JETP, 2015, 121(4): 559-571.

9. Urutskoev L.I., Liksonov V.I. i Tsinoev V.G. Ann de la Found. Louis de Broglie 27, 701 (2002)

10. Leo G. Sapogin, Ryabov Yu.A., Boichenko V.A. *Jednolita Teoria Kwantowa i Nowe Źródła Energii.* - Science Publishing Group, USA.(2015)

11. Leo G. Sapogin, Ryabov Yu.A. *The Mass Spectrum of Elementary Particles in Unitary Quantum Theory and Standard Model,*- Global Journal of Science Frontier Research A, vol.16,Issue 2,Version 1.0, (2016)

12. Sapogin L.G., Dzhanibekov V.A. i Ryabov Y.A. *Enigmatic ECat Andrea Rossi i Unitary Quantum Theory* -. Open Access Library Journal, 3: e2833.(2016)

13. Samgin A., "Cold fusion and anomalous effects in deuteron conductors during stationary high temperature electrolysis", In: Obrady V Międzynarodowej Konferencji w sprawie Zimnej Fuzji. 9-13 kwietnia 1995 r., Monte-Carlo, s. 201

14. Mizuno T., Enio M., Aktimoto T. i K.Azumi *Anamalous heat evolution from SrCeO3- type proton conductors during absorbtion/desorbtion of deuterium in alternate electric field*, - Proceedings of the 4th International Conference on Cold Fusion, December 6-9, 1993, Hawaii, vol.2, p.14., EPRE, Palo Alto, USA, (1994).

15. Fleischmann M., Pons S. Electroanal. Ghem., v.261, s. 301, (1989)

16. Patterson J.A., System do elektrolizy, USA, patent nr 5,494,559,27 luty 1996; Miley G.N. i Patterson J.A. in: Proceedings of the 6 th International Conference on Cold Fusion, Progress in New Hydrogen Energy, 13-18 October 1996, Japan, vol.2, p. 629-644.

17. Shoulderg K. , *Shoulderg S. Obserwacje dotyczące roli klastrów ładunkowych w reakcjach klastrów jądrowych* - J. New Energy 1996, Vol. 1, no. 3, s. 111-121

18. Liharev K, Klaeson T.- Scientific American, 1992, nr 8.

-107-

VII. Projekt AWAKE i elektrodynamika Maxwell'a

Streszczenie: W artykule zaproponowano zwiększenie efektywności projektu AWAKE na podstawie skorygowanej elektrodynamiki Maxwella, co pozwoli naukowcom na radykalne zmniejszenie rozmiarów, a tym samym kosztów akceleratorów potrzebnych do osiągnięcia wysokoenergetycznych zderzeń cząstek. Niestety, autorzy projektu AWAKE kierują się w swoich obliczeniach klasyczną elektrodynamiką Maxwella i nie biorą pod uwagę dodatkowej siły wzdłużnej generowanej przez skalarne pole magnetyczne powstające podczas ruchu relatywistycznych protonów.

Słowa kluczowe: proton, elektron, pole wektorowe, pole skalarne, siła wzdłużna, siła poprzeczna.

1. Wprowadzenie

W CERN, po raz pierwszy na świecie, eksperymentalnie udowodniono, że możliwe jest przyspieszenie wiązki elektronów w plazmie za pomocą sterownika protonowego. Zespół odpowiedzialny za zaawansowany eksperyment przyspieszenia plazmowego z napędem protonowym (Advanced Proton Driven Plasma Wakefield

Acceleration Experiment - AWAKE) w CERN w Genewie pracuje od 5 lat po zatwierdzeniu projektu przez CERN w 2013 roku. W wywiadzie z kierownikiem projektu AWAKE Eddą Gshwendtner "To jest fantastyczne: nowa metoda przyspieszania cząstek działa" wyjaśnia istotę eksperymentu "W klasycznym schemacie, wiązka elektronów w zderzaku przyspiesza pod wpływem pola elektromagnetycznego. W naszym eksperymencie, wiązka protonów leci w plazmie tworząc falę i tym samym zapewniając przyspieszenie wiązki elektronów, która następuje. Wiązka elektronów o energii 19 MeV przeleciała w plazmie dziesięć metrów i zwiększyła energię do 2 GeV, czyli ponad 100 razy. To oznacza, że średnie przyspieszenie wynosiło 200 MeV / m." [1]. Eksperyment został przeprowadzony przy współpracy AWAKE i naukowców z Budker Institute of Nuclear Physics, Siberian Branch of the RAS (INP SB RAS). Tradycyjne akceleratory wykorzystują tzw. wgłębienia o częstotliwości radiowej (RF) do kopania wiązek cząsteczek na wyższe energie. Polega to na zmianie polaryzacji elektrycznej dodatnio i ujemnie naładowanych stref w obrębie jamy RF, z połączeniem przyciągania i odpychania przyspieszającego cząsteczki w obrębie jamy. Natomiast w akceleratorach Wakefielda cząstki są przyspieszane przez "surfowanie" na fali plazmowej (lub Wakefield), która zawiera podobne strefy ładunków dodatnich i ujemnych. Allen Caldwell, rzecznik współpracy z AWAKE, powiedział: "Akceleratory Wakefield mają dwie różne wiązki: wiązka cząstek, która jest celem przyspieszenia jest znana jako "wiązka świadka", podczas gdy wiązka, która sama generuje Wakefield jest znana jako

-108-

"belka napędowa". AWAKE to pierwszy eksperyment z wykorzystaniem protonów dla belki napędowej, a CERN stanowi doskonałą okazję do wypróbowania tej koncepcji. Belki napędowe protonów wnikają głębiej w plazmę niż belki napędowe elektronów i laserów. Dlatego też akceleratory Wakefielda, których promienie napędowe są oparte na protonach, mogą przyspieszać promienie świadka na większą odległość, co pozwala im na uzyskanie wyższej energii". Jednak wykorzystanie naładowanych protonów jako sterownika przyspieszania elektronów, w porównaniu z fotonami, ma jeszcze jedną zaletę. Polega ona na pojawieniu się elektrodynamicznej siły wzdłużnej, która skutecznie przyspiesza przepływ elektronów podczas ruchu wiązki protonów nawet przy braku plazmy w Wielkim Zderzaczu Hadronów. Ta siła wzdłużna nie może być opisana przez poprzeczne siły Lorentza ani przez efekt Wakefielda. Aby wyjaśnić jego naturę, konieczne jest ponowne rozważenie elektrodynamiki Maxwella [2]. Maxwell popełnił błąd stosując twierdzenie Gaussa (twierdzenie Gaussa jest jednym z równań Maxwella) nie tylko w odniesieniu do opłat za odpoczynek, ale również za ruch. W wyniku tego arbitralnego założenia, stan dynamiczny ruchomych ładunków elektrycznych zostaje po prostu zastąpiony ich stanem statycznym. Prawo Coulomba jest ważne tylko w przypadku opłat stacjonarnych. W ramach znanych pojęć z zakresu elektrodynamiki, interakcja magnetyczna pomiędzy dwoma ładunkami poruszającymi się w tym samym kierunku jest całkowicie wyeliminowana, chociaż eksperymentalnie uzyskano interesujące zależności dla współdziałających ładunków poruszających się wzdłuż jednej linii prostej i błędem byłoby ograniczenie wyjaśnienia tej interakcji tylko przez efekt Wakefielda Na początku XX wieku po doświadczeniach Nikola Tesli stało się jasne, że elektrodynamika Maxwella wymaga rewizji i poprawy. Ale zajęło to ponad 100 lat, a to zadanie nie jest zakończone i dzisiaj. Próby zwrócenia uwagi na oczywiste sprzeczności i paradoksy elektrodynamiki klasycznej i kwantowej napotykają na zupełny brak zrozumienia i ostrą opozycję apologetów panujących dziś w fizyce teorii Einsteina. W rezultacie równania Maxwella zostały oddzielone od pierwotnego modelu środowiska, w którym prądy przewodzące i przemieszczenia odgrywały bardzo konkretną rolę fizyczną. Od tego czasu, elektrodynamika Maxwell straciła praktycznie każdą okazję do wprowadzania uzupełnień, zmian i ulepszeń. W świetle najnowszych odkryć w kosmologii ciemnej energii i ciemnej materii jako medium międzygalaktycznego i galaktycznego, konieczna stała się rewizja teorii elektrodynamiki klasycznej i kwantowej oraz wyeliminowanie paradoksów i sprzeczności, które się w niej nagromadziły. Ciemna materia zaskakuje swoimi właściwościami zbliżonymi do ośrodka Maxwella, w którym powstały wirowe pola elektryczne i prądy przemieszczeniowe potrzebne do wyprowadzenia słynnych równań elektrodynamiki.

2. Korekta elektrodynamiki Maxwell'a

Korekta elektrodynamiki równań Maxwella oparta na rozpoznaniu dodatkowego skalarnego pola magnetycznego, działającego wzdłuż kierunku prądu, które oprócz poprzecznych sił Lorentza wytwarza siłę wzdłużną.

Obecność skalarnego pola magnetycznego i generowana przez nie siła wzdłużna potwierdzają efekt Aharonova-Bohma [3], a także pracę G. Nikolaeva [4]. Badacz Politechniki Tomskiej G.V. Nikołajew , wykorzystując jednowartościową wielkość własności fizycznych potencjału wektorowego $\bar{\mathbf{A}}$ ruchomy ładunek e_o w $v < c$ ustalił istnienie dwóch rodzajów pól magnetycznych w przestrzeni wokół ruchomego ładunku [4]:

pole wektorowe $Hr = H^{\perp} = \mathbf{rot}\bar{\mathbf{A}}$ (1)

pole skalarne $Hp = H_{\|} = -\operatorname{div}\bar{A}$ (2)

i wzdłużnej siły oddziaływania magnetycznego, która jest inna niż poprzeczne siły Lorentza. Sam Maxwell zwrócił uwagę na trudności z jego równaniami w przypadku niezamkniętych prądów elektrycznych i poszczególnych elementów prądu. Trudności te polegają na tym, że dla samych prądów otwartych, niezerowa pochodna przestrzenna $\mathbf{rot}\bar{\mathbf{A}} = \mathbf{H}$ potencjału wektorowego $\bar{A}$ nie jest w stanie określić jej całkowicie. Ujawniło ono istnienie jeszcze jednej niezerowej pochodnej przestrzennej **div$\bar{A}$** $\neq 0$ potencjału wektorowego $\bar{A}$. Ogólnie rzecz biorąc, potencjał wektorowy $\bar{\mathbf{A}}$ może być reprezentowany jako suma potencjału i składowych wirowych $\bar{A}r + \bar{A}p$. Okazuje się, że prostoliniowy nieskończony prąd nie wytwarza skalarnego pola magnetycznego, a element o skończonej długości prądu wytwarza zarówno wektorowe pole magnetyczne Hr = rot Ar jak i skalarne pole magnetyczne Hp = -div Ap [5]. Wyrażenie dla gęstości strumienia energii elektromagnetycznej (wektor Poyntinga) ma postać

$$\mathbf{S} = (\mathbf{E} \times \mathbf{Hr}) + (\mathbf{E} \times \mathbf{Hp}) \quad (3\ \ )$$

Zmieniające się skalarne pole magnetyczne odpowiadające tworzeniu się ładunków elektrycznych, które z kolei generuje pole potencjału elektrycznego. Fala wzdłużna rozprzestrzenia się wzdłuż osi w kolumnie plazmy zderzeniowej. Na podstawie wyników eksperymentalnych proponuje się zrezygnować z kalibracji Lorentza, a zamiast tego przyjąć wyrażenie gęstości energii elektromagnetycznej w postaci [6]:

$$\mathbf{S} = \text{- dział } \mathbf{A} - \lambda\varepsilon0\mu0\ d\varphi/dt \qquad (4\ \ )$$

Oczywiście, narzucone potencjały pozwalają na dużą elastyczność w stosowaniu równań Maxwella. W klasycznym przypadku opiera się na S = 0. Stosując kalibrację (4) przy $\lambda = 0$ otrzymujemy miernik Coulomba, a przy $\lambda = 1$ mamy miernik Lorentza. Jeśli nie przyjmiemy zaniku wyrażenia dla S, to przy $\lambda = 0$ pole skalarne nabiera znaczenia podłużnego pola magnetycznego. Dalsze przekształcenia wykonywane są w sposób standardowy, z wynikiem pozwalającym na uzyskanie następującego układu równań:

-110-

$$\begin{aligned} &\frac{\partial E}{\partial t} - \text{rot}H - \text{grad}\,S = 0 \\ &\frac{\partial H}{\partial t} + \text{gnicie}E = 0 \\ &\text{div}\,E - \frac{\partial S}{\partial t} = 0 \\ &\text{div}\,H = 0 \end{aligned} \qquad (5)$$

Dla ułatwienia odniesienia, równania (5) uwzględniają przypadek braku prądów i opłat i przyjmują $\varepsilon0 = \mu0 = 1$.

Dla wyraźnego oddzielenia koncepcji wzdłużnej fali w próżni i wzdłużnych fal elektromagnetycznych, które istnieją w mediach materialnych, w proponowanym nazwaniu wzdłużnej fali elektromagnetycznej E-fali fali, w której pole magnetyczne jest zerowe, a wektor pola elektrycznego jest skierowany wzdłuż kierunku propagacji gęstości strumienia energii. To jest funkcja skalarna $S_{E//} = \alpha E$ gdzie $\alpha = \alpha\ (x, y, z, t)$. Podobnie, jest określana przez wzdłużną falę H, generującą przepływ energii $S_{H//} = bH$. Równania różnicowe dla uogólnionego pola elektromagnetycznego mogą być wyprowadzone z koncepcji wektora Poyntinga. Wektor Poyntinga dla fal elektromagnetycznych ogólnego widoku, w tym zarówno konwencjonalne tryby poprzeczne, jak i wzdłużne tryby spolaryzowane, mogą być reprezentowane jako:

$$\mathbf{S} = \mathbf{E} \times \mathbf{H} + \alpha E + bH \quad (6)$$

Odpowiednia gęstość energii tego wektora jest wyrażona jako:

$$W = \frac{1}{2}(E^2 + H^2) + W_{E//} + W_{H//} \quad (7),$$

gdzie $W_{E//}$ oraz $W_{H//}$ - dodatkowa energia.

W pracy podano ścisłe wyprowadzenie dodatkowych równań energetycznych i różnicowych dla uogólnionego pola elektromagnetycznego [5].

3. Efekt Aharonova-Bohma

Powszechnie przyjmuje się, że jeśli pole magnetyczne H jest znane, nie ma potrzeby odnoszenia się do "formalnego" potencjału wektorowego $\bar{A}$. Jednak sam fakt, że Schrödinger w równaniu falowym pojawia się tylko potencjał wektorowy, był oczywisty od momentu powstania tego równania. Nieudane próby zastąpienia potencjału wektorowego $\bar{\mathbf{A}}$ w równaniach mechaniki kwantowej "fizyczne" pole magnetyczne H mówi się, że funkcja falowa dowolnego ładunku ruchomego w polu potencjału wektorowego $\bar{A}$, powinna odzwierciedlać istnienie a

-111-

całkiem namacalne interakcje między ruchomym ładunkiem z tym polem. Interakcja ta może charakteryzować się wielkością potencjalnej zmiany $\bar{\mathbf{A}}$ i funkcją fal. W 1956 r. w fizyce kwantowej wykazano prosty eksperyment, którego wynik znany jest jako eksperyment Aharonova-Bohma [3]. Gdy elektron porusza się wzdłuż długiej cewki z prądem, trajektoria elektronu zmienia się, chociaż pole magnetyczne na zewnątrz cewki jest zerowe ($\mathbf{B} = 0$). Efekt Aharonova-Bohma ma kilka wyjaśnień [3,4,7]. R. Feynman wyjaśnia wpływ oddziaływania cząstek z potencjałem wektorowym $\bar{\mathbf{A}}$ [3], podczas gdy G. Nikolaev i V. Aksenov sugerują, że cząstka wchodzi w interakcje ze skalarnym polem magnetycznym. W elektrodynamice G. Nikolaeva cząstka oddziałuje z nowym podłużnym skalarnym polem magnetycznym $H_{\|}$ [4], w teorii

V.Aksenova o toroidalnych polach magnetycznych V.Aksenova cząstka oddziałuje z niesymetrycznym toroidalnym polem magnetycznym Hr [7]. W teorii Nikołajewa skalarne pole magnetyczne jest generowane przez prądy przemieszczenia, w teorii Aksenowa bezwzględne pole magnetyczne jest generowane przez prądy przemieszczenia występujące między płytami kondensatora i prądami przewodzącymi. Eksperymentalnie obserwowane zjawisko nowej wzdłużnej siły w oddziaływaniu ruchomych elektronów z polem potencjału wektorowego **Ā** w eksperymentach efektu Aharonova-Bohma, zostało potwierdzone w późniejszych eksperymentach japońskich naukowców (1984) [8]. W trakcie eksperymentów stwierdzono zmianę w fazie funkcji falowej ładunku ruchomego pod nieobecność i obecność w obszarze testowym pola potencjału wektorowego Ā, przy całkowitym braku w tym obszarze pola magnetycznego **H**. Pozytywne wyniki eksperymentów odpowiadały jedynie unikalnej wartości potencjału wektorowego Ā, porównywane są z tymi samymi parametrami jednoznacznej siły wzdłużnej. Zmiana fazy funkcji falowej potencjału wektorowego **Ā** jest podana przez:

$$\Delta\varphi = q / \hbar \int \bar{A} ds, \quad (8)$$

gdzie całka jest pobierana wzdłuż trajektorii cząsteczki. Eksperymentalne odkrycie zjawiska podłużnego efektu siłowego oddziaływania wzdłuż osi toroida elektronów z polem potencjału wektorowego **Ā** w eksperymentach Aharonova-Bohma zmienia ugruntowany pogląd o samych poprzecznych siłach magnetycznych i akceptuje obecność podłużnych sił magnetycznego oddziaływania.

4. Lampa elektronopromieniowa z uzwojeniem toroidalnym (eksperyment A. Kostina)

Rysunek 1 przedstawia zjawisko interakcji ładunku ruchomego z polem potencjału wektorowego **Ā.** Przy lampie elektronopromieniowej (1), w miejscu płytek odchylających (2), umieszcza się uzwojenie toroidalne (3) . Uzwojenie toroidalne wykonane jest z zewnętrznych i wewnętrznych warstw nawiniętego drutu miedzianego o grubości 0,62 mm i łącznej długości 500 zwojów. Potrzeba

-112-

dwuwarstwowe uzwojenie jest spowodowane wyeliminowaniem pola magnetycznego prądu pierścieniowego (jedno uzwojenie jest lewoskrętne, drugie jest prawoskrętne). Uzwojenia są połączone w taki sposób, że ich strumienie magnetyczne sumują się. Elektrony są przyspieszane w lampowej różnicy potencjałów 400V. Na płytę pionową podawano stałe napięcie ugięcia, aby ustawić podstawowe przemieszczenie wiązki elektronów na ekranie (5-20 mm). Prąd w cewce był zróżnicowany w zakresie 0-5A. Wyniki eksperymentu przedstawiono na wykresie (rys. 1). Wraz ze wzrostem prądu w jednym kierunku kąt ugięcia wiązki elektronów zwiększa się wielkość w stosunku do odchylenia odniesienia. Zwiększenie kąta ugięcia wiązki elektronów przy stałym napięciu w poprzek płytek ugięcia jest spowodowane zmniejszeniem prędkości wiązki elektronów w wyniku ich oddziaływania z polem potencjału wektorowego uzwojenia toroidalnego $\bar{A}$. Gdy prąd w uzwojeniu zmienia się na prąd odwrotny, kąt ugięcia wiązki elektronów zmniejsza swoją wartość w stosunku do jej odchylenia bazowego, rejestrując efekt zwiększenia prędkości wiązki elektronów w ich oddziaływaniu z polem potencjału wektorowego $\bar{\mathbf{A}}$ uzwojenia toroidalnego.

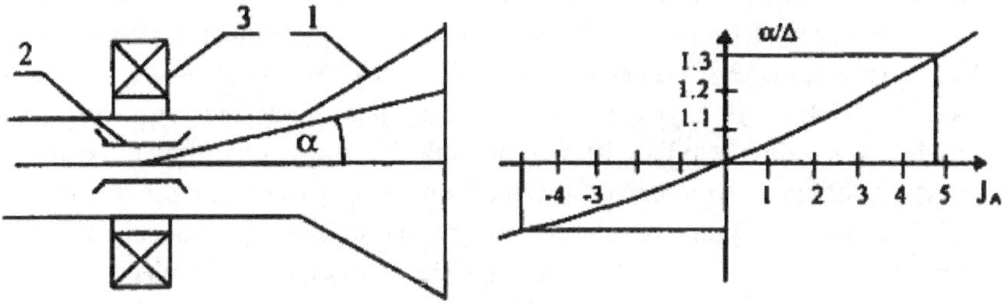

Lampa elektronopromieniowa z uzwojeniem toroidalnym

Rysunek 1

Stąd wyniki wyraźnie dowodzą istnienia konwencjonalnego klasycznego odpowiednika znanego doświadczenia Aharonova-Bohma i potwierdzają istnienie nieznanego wcześniej zjawiska w nauce magnetycznego oddziaływania wzdłużnego (oddziaływania piątego). Nie zwracając uwagi na nowe skalarne pole magnetyczne $H_{\|} = - \mathrm{div}\bar{A}$ i związane z nim nowe podłużne oddziaływania magnetyczne ((piąta interakcja) nauka nie może zapewnić wystarczająco wiarygodnych teorii elektrodynamiki tokamak, naładowane akceleratory cząstek. Zjawisko magnetycznego oddziaływania wzdłużnego

obecny w akceleratorze w postaci efektu podłużnej niestabilności przyspieszonych cząstek naładowanych, jest to eksperymentalnie udowodniony fakt. Przykładem tego mogą być fałszywe "efekty brzegowe" wzdłużnych prądów indukcyjnych w medium przewodzącym w generatorze MHD [4].

5. Wniosek

Dzisiaj, przed fizykami jest pytanie: "Który projekt wybrali dla nowego zderzaka?" Gdyby LHC odkryła nową cząstkę poza Modelem Standardowym lub wiarygodnie wskazała jakiś zupełnie nowy efekt, fizycy wiedzieliby, jak zbudować zderzak do badania tego zjawiska. To byłby rozsądny wybór. Teraz fizycy zmuszeni są do dokonania wyboru niemal na ślepo, próbując znaleźć opcję, która byłaby optymalna pod względem czasu, inwestycji finansowych i oczekiwanych skutków naukowych. We wrześniu 2017 r., podczas 186. sesji Rady CERN-u, utworzono sekretariat Europejskiej Grupy Strategicznej (ESG), nowego organu koordynującego przygotowanie zaktualizowanej strategii europejskiej. Kluczowym zadaniem Europejskiej Grupy Strategicznej jest opracowanie ostatecznego planu programu i przedłożenie go do rozważenia w CERN. Zainstalowanie akceleratora cząstek w Wielkim Zderzaczu Hadronów (LHC) wymaga betonowego tunelu o długości około 27 kilometrów (prawie 17 mil) i 5 miliardów dolarów na wymianę zapasową. Projekt AWAKE wykorzystuje coś znanego jako przyspieszenie plazmowe Wakefielda - i zajmuje tylko 10 metrów lub 33 stopy przestrzeni. Naukowcy zauważyli, że odkrycie to może drastycznie zmniejszyć rozmiary, a co za tym idzie, koszty akceleratorów potrzebnych do osiągnięcia kolizji wysokoenergetycznych. Niestety, autorzy projektu AWAKE kierują się w swoich obliczeniach klasyczną elektrodynamiką Maxwella i nie biorą pod uwagę dodatkowej siły wzdłużnej generowanej przez skalarne pole magnetyczne powstające podczas ruchu relatywistycznych protonów. Dodatek na siły wzdłużne inne niż siły poprzeczne Lorentza może znacząco poprawić efektywność projektu AWAKE.

REFERENCJE

1. Edda Gshwendtner, *To jest fantastyczne: nowa metoda przyspieszania pracy cząstek* - Naked Science N9, wrzesień (2018)

2. Konstantinov S.I., *Tokomaks, Akceleratory, Zderzacze i Elektrodynamika Maxwella*, - Global Journals Inc. (USA) GJSFR-A, tom 16, wydanie 6, s. 85-97, (2017).
3. Feynman R., Leighton R., Sands M., *The Feynman Lectures on Physics, Vol. 6*, - M ..: Mir, (1977)

-114-

4. Nicolaev G.V. , *Nowoczesna elektrodynamika i przyczyny jej paradoksalnej natury. Perspektywy budują niekontradyktyczną elektrodynamikę. Teoria, eksperymenty, paradoksy.* Tomsk: Uniwersytet Politechniczny, (2003)
5. Ageev I.M., Shishkin G.G., *Of longitudinal waves*,- Moscow: MAI, 2014

6. K.J. von Vlaenderen i A.Waser , *Generalizacja klasycznej elektrodynamiki w celu dopuszczenia pola skalarnego i fal podłużnych* , -Hadroniczny dziennik, 24, 609-628, (2001)
7. Aksenow W.W., *Toroidalny rozkład potencjału wektorowego pola magnetycznego i jego zastosowanie,-* M: Biuletyn Fizyki Uniwersytetu Moskiewskiego, N6, (2015)
8. Danos M. , *efekt Aharonowa-Bohma, transformator elektryczny mechaniki kwantowej.-* Moskwa: Fizyka za granicą, Serie B, Mir, (1984)

FSC
www.fsc.org
MIX
Papier | Fördert
gute Waldnutzung
FSC® C083411

Kolibri 360 GmbH
Ferdinand-Jühlke-Straße 7
99095 Erfurt, Deutschland
produktsicherheit@kolibri360.de

Druck:
CPI Druckdienstleistungen GmbH
im Auftrag der
Kolibri 360 GmbH
Ferdinand-Jühlke-Str. 7
99095 Erfurt